赵御龙　陈卫元　主编

扬州荷

广陵书社

图书在版编目（ＣＩＰ）数据

扬州荷 / 赵御龙，陈卫元主编. -- 扬州 ：广陵书
社，2016.6
ISBN 978-7-5554-0562-7

Ⅰ. ①扬… Ⅱ. ①赵… ②陈… Ⅲ. ①荷花－介绍－
扬州市 Ⅳ. ①S682.32

中国版本图书馆CIP数据核字(2016)第123842号

书　　名	扬州荷
主　　编	赵御龙　陈卫元
责任编辑	刘　栋　金　晶
出版发行	广陵书社
	扬州市维扬路349号　　　　邮编　225009
	http://www.yzglpub.com　　E-mail:yzglss@163.com
印　　刷	无锡市极光印务有限公司
装　　订	无锡市西新印刷有限公司
开　　本	889毫米×1194毫米 1/16
印　　张	13.75
字　　数	90千字　图293幅
版　　次	2016年6月第1版第1次印刷
标准书号	ISBN 978-7-5554-0562-7
定　　价	188.00元

总顾问：陈龙清　陈秀兰

总策划：赵御龙　顾爱华

主　编：赵御龙　陈卫元

副主编：沐春林　刘春贵

撰稿人：赵御龙　陈卫元　韦明铧　刘春贵
　　　　包建忠　房立龙　赵龙祥等

摄　影：赵御龙　陈卫元　沐春林　刘春贵
　　　　周泽华　蒋永庆　陶运河　刘　栋
　　　　江　燕　房立龙　黄　培　曹晓荣
　　　　周　峻　郑红梅　汪　蓓　杨宁光
　　　　崔　放　邓连俊　胡　箭　吴　芳
　　　　王林山　苏　春　仲亚峰等

审　稿：刘义满

2004 年 7 月 8 日，中国花卉协会江泽慧会长
在扬州瘦西湖风景区熙春台参加第十八届全国荷花展开幕式

序

  荷花栽培应用历史悠久，《诗经》中就有"山有扶苏，隰有荷华"的吟唱了。在扬州地区，距今约 7000～5000 年前的新石器时代龙虬庄遗址中，曾经出土过莲子，表明当时即有采集利用，甚至可能有人工种植。

  李白称荷花是"清水出芙蓉，天然去雕饰"。宋代理学家周敦颐之《爱莲说》赋赞荷花为"出淤泥而不染，濯清涟而不妖，中通外直，不蔓不枝，香远益清，亭亭净植，可远观而不可亵玩焉"。荷花"出淤泥而不染，濯清涟而不妖"的高尚品格，自古至今深受人们的喜爱。荷文化内涵丰富，在众多名花中可谓无与伦比，1985 年 5 月，荷花被评为中国十大名花之一。

  扬州以园亭胜，扬州园林中遍植荷花，扬州人善于种荷、赏荷、咏荷、用荷，扬州堪称是荷花之乡。荷花为扬州的城乡绿化、美化增添了风采，是扬州的特色和名片。

  2004 年第十八届全国荷花展在扬州举办，2016 年第三十届全国荷花展又将在扬州举行。在展会举办之际，由扬州园林局牵头，组织有关专家悉心收集，将扬州所栽培的荷花进行整理、鉴定、分类，并配以彩图汇编成《扬州荷》一书，集知识性、欣赏性、实用性为一体，具有较高的应用价值、文化价值和学术价值。

  该书具有鲜明的扬州地方特色，为丰富扬州的植物景观，弘扬荷文化，改善生态环境，开拓旅游资源做出了应有的贡献。

江泽慧

2016 年 4 月 6 日

前 言

"天下三分明月夜，二分无赖在扬州"。乾隆六十年（1795年）李斗所著《扬州画舫录》中引用刘大观的话评价扬州："杭州以湖山胜，苏州以市肆胜，扬州以园亭胜，三者鼎峙，不可轩轾。"古城扬州是国务院首批公布的二十四座历史文化名城之一，扬州为历代名邑，历史悠久，文物彰明，著称海内，闻名遐迩。

中国大运河成功入选《世界遗产名录》，其中扬州境内里运河、古邗沟等6段河道，瘦西湖、个园等10个遗产点入列，成为运河沿线城市中入选《世界遗产名录》最多的城市。扬州瘦西湖—蜀冈风景名胜区为国家重点风景名胜区，个园、何园是全国首批二十家国家重点公园之一，个园是全国首批八家国家重点花文化基地之一，何园、个园、唐城遗址、普哈丁墓园等被列为全国重点文物保护单位，高旻寺被列为全国重点寺观。清代沈复在他的《浮生六记》中称赞扬州园林"奇思幻想、点缀天然，即阆苑瑶池、琼楼玉宇，谅不过此"，扬州园林名闻天下。

在我国荷花有许多别名，《诗经》中称为"荷华"，《尔雅》中有"芙蕖"之称，《离骚》则称之为"芙蓉"，荷花的名称多达十余种。造园专家认为，山石为园林的骨骼，水系为园林的血脉，建筑为园林的五官，植物为园林的主体。扬州园林的植物造景有其独到之处，如荷浦薰风、长堤春柳、玲珑花界、木樨书屋、竹西佳处、醉地茱萸、绿杨城郭等，其中较负盛名的是瘦西湖风景区、荷花池公园等处的荷花。在扬州园林中，有很多是以荷景取胜，以荷花而得名，如：莲花桥、莲花埂、芙蓉沜、芙蓉舟、净香园、荷浦薰风、柳堂荷雨、芙蓉别业、荷花池、莲性寺、莲花寺、九莲庵等。

扬州民俗，农历六月二十四日为荷花生日，每年此时，荷花盛开，"接天莲叶无穷碧，映日荷花别样红"，瘦西湖风景区、荷花池公园、个园等都举办荷花展，同时还配合展出各种书画诗词作品、荷花摄影以及售卖各种荷藕小吃食品，并且每年的荷展内容都较前一年有所扩充和创新，突出了扬州的荷文化，为广大市民赏莲、画莲、咏莲、摄莲创造了良好的条件。

2004年第十八届全国荷花展在扬州举办，2016年第三十届全国荷花展又将在扬州举办。近年来，扬州园林工作者通过不懈努力，又引种了很多珍稀观赏荷花，专门开辟了荷花观景区，使扬州的荷花更负盛名。

扬州荷花较多的园林景区和单位有：瘦西湖风景区、荷花池公园、个园、城市中央公园、宋夹城体育公园、茱萸湾风景区、扬州农科所等。1998年，扬州市宝应县以其优美的自然环境、完整的产业链条和独特的荷藕文化，被国家农业部命名为"中国荷藕之乡"。2004年7月，"宝应荷藕"正式成

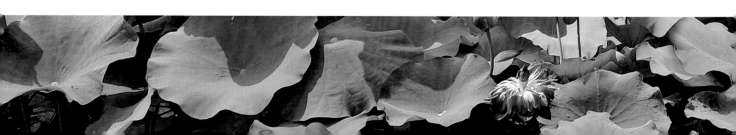

为国家地理标志产品。宝应种植荷藕20多万亩，其荷藕产量、加工量、出口量都居全国第一，成为名副其实的"中国荷藕第一县"。我们将扬州的荷花景观、荷花文化、主要栽培的荷花种类、荷花产品、荷花育种等整理出来，编著成书，集知识性、欣赏性、实用性于一体，可供专业人员参考、大众欣赏和学生学习使用。

本书由陈龙清、陈秀兰任总顾问，赵御龙、顾爱华任总策划。全书分四个部分：第一篇扬州荷景由陈卫元、赵龙祥撰稿；第二篇扬州荷文化概述由韦明铧撰稿，其中扬州荷产品由房立龙撰稿；第三篇扬州荷主要品种介绍由刘春贵、陈卫元撰稿，陈卫元进行了品种分类和品种拉丁名定名；第四篇扬州荷培育由包建忠撰稿。最后由赵御龙、陈卫元、沐春林、刘春贵等总撰成书。

本书荷花品种照片由刘春贵拍摄，其他照片由赵御龙、陈卫元、沐春林、周泽华、蒋永庆、陶运河、刘栋、江燕、房立龙、黄培、曹晓荣、周峻、郑红梅、汪蓓、杨宁光、崔放、邓连俊、胡箭、吴芳、王林山、苏春、仲亚峰等拍摄。

本书所采用的荷花分类体系源自张行言、陈龙清主编的《中国荷花新品种图志Ⅰ》(中国林业出版社，2011年7月第1版)。

在本书编写过程中，中国花卉协会江泽慧会长认真审阅书稿并为本书作序；得到中国花卉协会荷花分会会长、华中农业大学教授、博士生导师陈龙清，江苏里下河地区农业科学研究所党委书记、二级研究员陈秀兰的大力支持，并担任本书的总顾问；得到武汉市蔬菜科学研究所、湖北省水生蔬菜科学研究所二级研究员刘义满的悉心指导，其认真审阅书稿并对本书所列荷花品种的拉丁名进行了校对；扬州荷花池公园陶运河对书稿的部分资料进行了整理；扬州大学冯立国，扬州市园林管理局张家来、唐红军、裴建文、陈静、黄春华、王海燕、徐亚萍、包智勇、赵大胜、耿玉石、陈跃、仇蓉、曹百海、刁勤兰，扬州科技学院（筹）袁刚、冯月明、李颖、李金宇，扬州市农委丁翠柏、孙羊林、吴建华，扬州瘦西湖风景区金川、杨建、田跃萍等同志为本书的编写出版给予了大力支持，在此一并致谢。

由于作者水平所限，难免有不妥、不周、不够准确之处，错误、缺点在所难免，热情期待读者的批评和指正，希望读者提出宝贵意见，使其更臻完善。

赵御龙　陈卫元

2016 年 4 月 16 日

目 录

目录

目 录

第四篇　扬州荷培育

第一篇

扬州荷景

荷（Nelumbo nucifera）又称莲，属于莲科（Nelumbonaceae）莲属（Nelumbo），为水生草本植物，是重要的水生蔬菜和水生花卉。迄今7000~5000年前的扬州高邮龙虬庄遗址在考古发掘中发现了完整的莲子，说明在这个时期，扬州一带的先民就已经懂得食用莲子了。荷在我国栽培利用有文字记载的历史达3000年以上。

宋代理学家周敦颐之《爱莲说》赋："出淤泥而不染，濯清涟而不妖，中通外直，不蔓不枝，香远益清，亭亭净植，可远观而不可亵玩焉。"荷"出淤泥而不染，濯清涟而不妖"的高尚品格，自古以来就深受扬州人民的崇尚和喜爱。

李斗所著《扬州画舫录》载："荷浦薰风，在虹桥东岸，一名江园。乾隆二十七年皇上赐名净香园，御制诗二首。一云：'满浦红荷六月芳，慈云大小水中央。无边愿力超尘海，有喜题名曰净香。结念底须怀烂漫，洗心雅足契清凉。片时小憩移舟去，得句高斋兴已偿。'一云：'雨过净猗竹，夏前香想莲。不期教步缓，率得以神传。几洁待题研，窗含活画船。笙歌题那畔，可入牧之篇。'……"在扬州著名的园林景点中，就有很多是以荷景取胜和命名的，如莲花桥、莲花埂、芙蓉沜、芙蓉舟、柳堂荷雨、荷浦薰风、芙蓉别业、荷花池、莲性寺、九莲庵等。

一、荷在扬州园林中的审美特征

荷由于在形态特征、生态习性、文化内涵、景观价值、环境保护等方面具有多种审美特征及功能，因而在园林应用植物造景中，表现出丰富多彩的景观特征以及深厚的文化内涵和园林艺术美感。

1. 荷的文化艺术美

荷的审美思想是脱胎于灿烂悠久的荷文化，荷的景观美与时间、空间和距离都有十分明确的联系。

扬州历代与荷有关的诗词歌赋、散文小说、神话传说、典故、成语、俗语、谚语、谜语、歇后语、楹联、人名、地名、书画、摄影、剪纸、刺绣、服饰、插花、工艺品、道具、舞蹈、美食、药用方剂、习俗、雕塑、园林、建筑及宗教文化等不可胜数。

以园林中的楹联为例，扬州园林中咏荷楹联很多，楹联犹如画龙点睛之笔，有之则使荷塘生色，荷景增辉。如：净香园的楹联："雨后净猗竹，夏前香想莲。"清华堂的楹联："芰荷叠映蔚，水木湛清华。"小金山琴室的楹联："一水回环杨柳外，画船来往藕花天。"扬州园林之中的每处种植荷花的地方都有与之相匹配、相得益彰的楹联，精确地体现了各处荷景观的特点、特征和特色，体现了扬州特有的荷文化艺术气息和底蕴。

荷在扬州人心目中被提升到了崇高的地位，成了高洁、正直、清廉的典型代表。另外，在不同场合下，荷莲还被扬州人赋予了吉祥、好运、美丽、情爱、多子、思念、高尚、富贵、繁荣、团结、忠诚等多种寓意。从美学角度而言，荷给人的美感是综合性的，其花、果、叶可观赏，雨打荷叶可聆听，花叶芳香可嗅闻，莲子、荷藕、藕带、荷花及荷叶等可食用，荷叶茶、莲心茶、荷藕汁及莲子汁等可饮用，荷植株全身入药，保健美容功能强。扬州人善于种荷、赏荷、咏荷、用荷，扬州堪称是荷花之乡。

2. 荷的自然景观美

在我国，无论是外来的佛教，还是本土的道教和儒教，均与荷花有深刻的文化联系；无论是江南的私家园林还是北方的皇家园林，无论是寺庙园林还是自然风景园林，荷都是非常重要的景观植物。

从景观价值看，荷的景观空间最大，无论是藕莲、子莲还是花莲，均具有较高的观赏价值。从"小荷才露尖尖角"到"青荷盖绿水，芙蓉披红鲜"；从"藕田成片傍湖边，隐约花红点点连"再到"秋阴不散霜飞晚，留得枯荷听雨声"或"留得残荷看夕阳"，不同的物候期荷均有不同的观赏价值。扬州地处长江流域，荷花的生命周期于仲春藕萌芽发叶，刚长出的叶子浮水面上叫浮叶，在盛夏长出的叶子高于水面叫立叶，夏季花繁叶茂，深秋残叶败梗，冬季藕根休眠，所以夏季是一年之中观赏荷花的最好季节。炎夏暑日，骄阳似火，临立池岸，绿肥红瘦，一片清凉。那"荷叶罗裙一色裁，芙蓉向脸两边开"之景色，艳丽的花朵、圆润的碧叶、飘溢的清香，使人心旷神怡。

总体来说，观荷可分为近观与远观两种观赏方式。近观荷产生的感觉是一种个体美、姿态美、风韵美，如"微风摇紫叶，轻露拂朱房"。荷花在近观之后，才会有一种形象鲜明、超凡脱俗的个体画面效果和特定诗画意境。远观荷产生的感觉是一种朦胧美、意境美和群体美，如"接天莲叶无穷碧，映日荷花别样红"的意境，只有远观才能反映，那千顷碧叶连接天边，万柄红荷映衬艳阳，轻风吹过，荷浪翻卷，蔚为壮观。这正符合古人提出的"态以远生，意以远韵"之审美思想。

3. 荷的生态环境美

荷的生态环境美，关键在于环境中生态系统多样性和其多样性是否可持续发展。从环境改良价值来看，荷的生态改良功能较强，在湿地治理、老旧鱼塘改造、城乡水体环境改良、水体富营养化克服、水体净化等方面得到广泛应用。扬州园林中近几年新建成的城市中央公园、宋夹城体育公园、凤凰岛生态公园、润扬森林公园、万花园等景区，充分注意了环境中生态系统多样性，因为生物多样性是维持生态系统功能必不可少的条件，如鸟类、蛙类、鱼类、昆虫、微生物等生物以及浮水植物、沉水植物、挺水植物、岸边植物等植物群落。不同生物或群落通过占据其生态系统的不同生态位，都会采取不同的能量利用方式以及食物链网的相互关联，维持着生态系统的基本能量流动和物质循环，使荷生态环境具有"棹歌惊起睡鸳鸯"的田园风光。荷的生态环境美充分与扬州的社会、经济相协调，得到了可持续发展。

二、荷在扬州园林中的景观特征

荷的观赏是有季节性的。而在扬州园林的各处景观中无不渗透着独具特色的荷文化，使游客对荷花的欣赏更为丰富多彩。扬州园林始于西汉构筑"钓台"，成于隋代离宫别苑"长阜苑"，盛于清代康乾盛世，曾有"扬州园林甲天下"的美誉。扬州园林的植物造景有其独到之处，如荷浦薰风、长堤春柳、玲珑花界、木樨书屋、竹西佳处、醉地茱萸、绿杨城郭等，其中较负盛名的是瘦西湖风景区、荷花池公园等处的荷花。

1. 田田八九叶，散点绿池初

荷是一种传统的造景植物，扬州园林用荷造景，挖塘留水，甚至挖河堆山，特别是扬州私家园林，往往开凿水池于厅前，堆叠假山于池旁。营造山水园林，山水相依、山嵌水抱，历来被认为是最佳的组景方式，增添自然山水情趣，反映阴阳相生的辩证哲理。注入荷文化，利用现有的建筑或构筑园林小品，或建筑厅、廊，通过精炼文学语言表现胜景境界和情调，诱发欣赏者思想共鸣，进入胜景意境美，并对景生情，寻意探胜。既注入荷文化，又丰富景观内涵。造景、赏荷相得益彰。

扬州在很多庭院小池植荷造景，小池中植荷宜稀，强调唐代李群玉古诗中"田田八九叶，散点绿池初"之意境。小中见大，一池不大的水面，点缀八九片荷叶，给人以清新、清秀、宁静的感觉。如徐园听鹂馆前水池一隅浅植少许荷花，叶隙间能见水可免单调、沉闷，而散植依稀反觉水面有宽阔之感。池畔植高柳以利夏日遮荫，则可浓荫却暑。"虚亭南北水西东，数柄荷花满袖风。"园中只有"数柄荷花"而已。再如何园片石山房是明末清初画坛巨匠石涛叠石的人间孤本，片石山房太湖石假山前水池中植几从荷花，清香幽远，使人赏心悦目，体现了石涛诗中"四边水色茫无际，别有寻思不在鱼。莫谓池中天地小，卷舒收放卓然庐"的意境（见何园荷景）。

2.接天莲叶无穷碧，映日荷花别样红

荷在园林水景中的配置，除了上述小水面外，如果在数十亩或百余亩的宽阔水面上，遍植荷花，能造就南宋诗人杨万里所描绘的"接天莲叶无穷碧，映日荷花别样红"那样的无穷美景。如扬州荷花池公园、宋夹城体育公园、城市中央公园、明月湖等就是以大水面广植荷花而著称。大水面的荷花造景，还要与岸边植物相协调，如沿岸植金丝垂柳、垂柳、枫杨、朴树、棕榈、女贞、香樟、水杉、落羽杉、樱花、碧桃、美人梅、金钟花、迎春、竹子等植物作背景，同时还要留有一定的空旷水面点缀萍蓬草、水浮莲、水葫芦、睡莲等水生植物，这样荷景才有空间层次感和节奏韵律感。现荷花池公园为影园遗址，明文学家郑元勋在《影园自记》中描述影园"环四面柳万屯，荷千余顷"。可见当时的影园因其建在柳影、水影、山影之间，恍恍惚惚，如诗如画，是以大片种植荷花为主角。现在的荷花池

公园沿岸浅水区种植荷花，岸边以垂柳、棕榈、梅、樱花、碧桃、金钟花等植物相衬，并沿岸边栽种芦苇、旱伞草、菖蒲、水葱、水生鸢尾等湿生植物，游人漫步于湖岸赏荷，风过荷举，碧波荡漾，生机盎然（见荷花池公园、茱萸湾风景区、明月湖等荷景）。

3.十里荷香不断，两岸柳色绵延

扬州属里下河地区水网地带，河流、湖水、湿地转折多样，沿河、沿湖、沿湿地修建景点，正所谓"两堤花柳全依水，一路楼台直到山"，景点之间相互照应，各呈其妙，造就了具有扬州特色的"湖上园林集群"。

蜀冈—瘦西湖风景名胜区处处植荷，宋代晁补之《扬州杂咏之三》描绘扬州的荷景"欲穿九曲通淮水，只费春夫数日工。但见荷花三十里，何须更有大雷宫"。"荷花三十里"固然是诗人的夸张，但扬州遍植荷藕是肯定无疑的。扬州荷景一向有《扬州画舫录》里所描绘的"十里荷香不断，两岸柳色绵延"之称。湖上赏荷佳处很多，当时城内男女老少，每每于夏日荷花盛开之时，侵晓而来，于水滨处赏看露荷。清代以来主要的赏荷佳处有临水红霞、平冈艳雪、西园曲水、虹桥揽胜、长堤春柳、桃花坞、荷浦薰风、春台明月、蜀冈朝旭、梅岭探春等。《扬州画舫录》记载：湖上二十四景之一"平冈艳雪"，"……水局益大。夏日浦荷作花，出叶尺许，闹红一舸，盘旋数十折，总不出里桥外桥中。……山地栽蔬、水乡捕鱼、采莲踏藕，生计不穷"。又如湖上二十四景之一"蜀冈朝旭"，《扬州画舫录》记载："是园池塘木保障湖（即瘦西湖）旁莲市，塘中荷花皆清明前种，开时出叶尺许，叶大如蕉，周以垂柳幂

麑，广厦窈窕，避暑为宜"。再如湖上二十四景之一"梅岭探春"（即今俗称小金山），《扬州画舫录》载："梅岭春深即长春岭，在保障湖中，由蜀冈中峰出脉者也。丁丑间，程氏加葺虚土，竖木三匝，上建关帝庙。庙前叠石马头，左建玉板桥，右构岭上草堂（后改为湖上草堂），堂后开路上岭。中建观音殿。岭上多梅树，上构六方亭。……堂东构舫屋五楹，筑堤十余丈，北对春水廊，南在湖中。……堤尽构方亭（即吹台），为游人观荷之地。莲市散后，败叶盈船，皆城内富贾大肆春时预定者。花瓣经冬风干，治冻疮最效。"突出沿湖赏荷情趣。乾隆盛世瘦西湖湖上园林以荷为主题的荷花胜景，丰富多彩，绚丽多姿，不仅丰富了夏日湖上胜景，还注入了荷藕文化内涵（见瘦西湖风景区、宋夹城体育公园、保障河等荷景）。

4. 海东铜盆面五尺，中贮涧泉涵浅碧

南宋诗人陆游在《堂中以大盆渍白莲花石菖蒲翛然无复暑意睡起戏书》中云："海东铜盆面五尺，中贮涧泉涵浅碧。岂惟冷浸玉芙蕖，青青菖蒲络奇石。长安火云行日车，此间暑气一点无。纱幮竹簟睡正美，鼻端雷起惊僮奴。觉来隐几日初午，碾就壑源分细乳。却拈燥笔写新图，八幅冰绡瘦蛟舞。"这是荷花缸植盆栽和用荷制作盆景较早的记载。

扬州人喜欢在公园、企业、学校、庭院等造景中常用缸植盆栽荷花和用荷花制作盆景来进行点缀。上述地点造景形式灵活多样，多为自由式和不规整式，表现出一种参差美、天然美。但造景中多有硬质的材料、垂直的造型，显得景点孤立，与环境之间有生硬隔离之感。将缸植荷花和荷花盆景与硬质的材料，如奇峰怪石、园林建筑

小品，通过艺术构图，组合成景，这种造景方式，缓解、软化了道路、墙角廊隅的生硬线条，增加了自然生动的气息，并且荷花与硬质的材料形成了强烈的色彩反差和形式对比，这样处理既不失自然古朴之意，也更具生态气息，同时也具有了陆游所描绘的"海东铜盆面五尺，中贮涧泉涵浅碧"的意景（见个园荷景）。

现在扬州已经是国家森林城市、园林城市、联合国人居奖城市，正在建设成为"城在园中、园在城中、城园一体化格局"的国家级生态园林城市，进而向古代文化与现代文明交相辉映的世界名城迈进。荷对扬州人居环境的改善功不可没，是扬州园林和城市绿化的重要植物材料，具有独特的形态特征、生态习性和文化、景观价值，扬州人朱自清笔

下的"荷塘月色"已经成了一种扬州园林静美的象征。"田田八九叶，散点绿池初""接天莲叶无穷碧，映日荷花别样红""但见荷花三十里，何须更有大雷宫""十里荷香不断，两岸柳色绵延"的环境养育了一代代扬州人，造就了扬州城，造就了扬州的文化。没有荷或者说缺少荷，就不是完整、鲜活、创新、精致和幸福的扬州。

本书将瘦西湖风景区、荷花池公园、个园、宋夹城体育公园、何园、茱萸湾风景区、盆景园、蜀冈生态园、城市中央公园、保障河、明月湖、农科所、宝应、高邮等地方的荷景，通过现场拍摄，以实景照片的形式，证明荷与扬州的渊源，荷在扬州园林和城乡绿化、美化中的作用和重要性。

瘦西湖风景区荷景

荷花池公园荷景

个园荷景

宋夹城体育公园荷景

茱萸湾风景区荷景

盆景园荷景

蜀冈生态园荷景

城市中央公园荷景

明月湖荷景

农科所荷景

保障河荷景

高邮荷景

荷花微景

第二篇

扬州荷文化概述

一、扬州荷花简史

荷花又称莲花、藕花、芙蓉、菡萏、芙蕖，是最古老的被子植物之一。距今一亿三千多万年前，在亚洲、美洲已有生长。中国荷花的人工栽培已有三千多年历史，在辽宁与浙江均发现过碳化的古莲子。

1. 夏商至隋代时期

扬州地区的荷花种植史，可以追溯到史前的龙虬庄时代。龙虬庄地处江淮之间，是江淮地区史前文化的典型代表，位于海岱文化区与环太湖文化区之间。考古界认为，龙虬庄有四奇：一是在陶片上发现抽象的刻画，有人认为可能是文字的起源；二是挖掘出猪形罐，表明当时已经人工蓄养猪；三是出土了碳化稻米，将我国史前人工栽培水稻地域从长江以南划到淮河以南；四是在考古挖掘中发现了完整的莲子，莲子沉睡地下五千余年，在专家的精心培育下竟然重新焕发生机。这说明，在五千年前，

扬州一带的先民已经懂得食用莲子。

大约在西周时期，荷花从湖畔沼泽的野生状态走进了人类的田间池塘。《周书》有"薮泽已竭，既莲掘藕"的记载，可见野生荷藕已被食用甚至栽培。荷花作为观赏植物引种至园池，与吴王夫差有关。夫差在他的离宫（今苏州灵岩山）为美女西施赏荷而修筑了"玩花池"，他也有可能将这一做法带到邗城（今扬州）。

汉朝中国的农业空前发展，荷花的栽培进入了新时期。在汉代以前，荷化品种均为单瓣型红莲，到魏晋时已出现重瓣荷花。汉代扬州荷花的种植情况记载甚少，但宝应射阳湖镇古有"射阳八胜"之说，即：龙杆寺看灯，走马墩试马，凝瑞桥赏荷，跃龙桥听涛，花子沟垂钓，三王河泛舟，臧陈祠读书，运东堤踏雪。每一景皆有诗，其中《凝瑞桥赏荷》诗云："放船三顷六莲塘，折得芙蕖满手香。最是小姑无赖甚，偷将莲子打鸳鸯。"这种赏荷的做法，也许是汉代的遗风。扬州城北的邵伯湖，与高邮湖、宝应湖毗连，均为种荷的好地方。南朝乐府《长干曲》唱道："逆浪故相邀，菱舟不怕摇。妾家扬子住，

便弄广陵潮。"诗中特别提到了"菱舟",实际上菱、荷常常共生,采菱之舟也即采莲之舟。

隋代以后,荷花栽培技艺进一步提高,有关荷花的诗词、绘画、雕塑、工艺、保健等文化内容丰富多彩。同时,荷花也凭借它的色彩艳丽、风姿绰约进入了园林。长安城外东南隅,有秦汉时的宜春苑,隋建都长安后,更名为芙蓉园。隋江都宫苑水面宽广,其中多植莲花,以至产生了《采莲歌》。隋炀帝有《江都夏》诗云:"菱潭落日双凫舫,绿水红妆两摇漾。还似扶桑碧海上,谁肯空歌采莲唱?"夏日消暑时,在水边赏"红妆",观"采莲",是宫中生活的一乐。荷花不但种植于宫囿中,在江边的滩涂也广为生长。炀帝有《夏日临江》诗云:"鹭飞林外白,莲开水上红。"就是写扬子江畔的荷花。炀帝的文学扈从虞世基曾作《四时白纻歌》二首和炀帝,其中《江都夏》用浓艳的笔调描绘隋宫的景色:"坐当伏槛红莲披,雕轩洞户青萍吹。"诗句中特别写到了红莲。虞世基的另一首《奉和幸江都应诏诗》写道:"泽国翔宸驾,水府泛楼船。"可知隋朝宫苑内确实多水,才被称为"泽国",那么可以想象,荷花必是隋宫常见之花。

2.唐宋时期

唐代的荷文化繁盛,工艺品如金器、铜镜等多采用莲花纹、莲瓣纹。这时扬州的荷花多珍异品种,尤其以木兰院后池的荷花最为有名。咸通进士皮日休在游览扬州木兰院后,对后池中的稀有荷花品种大加赞赏,特地作《木兰后池三咏》以寄感慨。后池有一种荷花最特别,花开两重,称为"重台莲花"。其一《重台莲花》云:"欹红媆娟力难任,每叶头边半米金。可得教他水妃见,两重元是一重心。"除

了重台莲花,池中还有红莲。其二《浮萍》云:"嫩似金脂飐似烟,多情浑欲拥红莲。明朝拟附南风信,寄与湘妃作翠钿。"又有白莲,其三《白莲》云:"但恐醍醐难并洁,只应薝卜可齐香。半垂金粉知何似,静婉临溪照额黄。"连写三首之后,诗人犹嫌不足,又作《重题后池》云:"细语阑珊眠鹭觉,钿波悠漾并鸳娇。适来会得荆王意,只为莲茎重细腰。"把亭亭玉立的荷花比作细腰的美人。有意思的是,皮日休作《木兰后池三咏》后,他的友人陆龟蒙也作了和诗,对扬州木兰院的荷花再加赞美。其一《重台莲花》云:"水国烟乡足芰荷,就中芳瑞此难过。风情为与吴王近,红萼常教一倍多。"强调这种重台莲花的花瓣"常教一倍多",比普通荷花大一倍。其二《浮萍》云:"晚来风约半池明,重叠侵沙绿罽成。不用临池更相笑,最无根蒂是浮名。"其三《白莲》云:"素蘤多蒙别艳欺,此花真合在瑶池。还应有恨无人觉,月晓风清欲堕时。"三首之外,还有《和袭美重题后池》诗云:"晓烟清露暗相和,浴雁浮鸥意绪多。却是陈王词赋错,枉将心事托微波。"用散淡的笔触,再现了扬州木兰院后池的荷塘景色。旧时扬州官府大吏的衙署里,一般都有莲池。大历进士王建《维扬冬末寄幕中二从事》诗中,有"故人多在芙蓉幕"之句,说他的朋友大都做了幕僚。"芙蓉幕"原指南朝齐王俭的府第。王俭于高帝时为卫将军,执掌朝政,用名士为幕僚,后世遂以"芙蓉幕"为大吏幕府的美称,亦称"幕下莲花""幕府红莲"。唐代扬州衙署的幕僚,亦称"芙蓉幕",当与衙署中植有荷花有关。另外,扬州还出土过越窑青釉莲荷纹盘、长沙窑青釉褐彩莲瓣云气纹盏等,从另一个侧面说明了扬州人对于荷花的欣赏。

宋代扬州广植荷花,并且有名胜芙蓉阁,因

阁前有大片荷花而得名。太平兴国进士曾致尧《芙蓉阁》诗云："夏日芙蓉阁，阁前何最殊？参差红菡萏，迤逦绿菰蒲。"描写阁前水塘开满了红色的荷花。当时的扬州水面，应该到处可以看到荷藕，以至荷花成了扬州美景的象征。欧阳修在《西湖戏作示同游者》中写道："菡萏香清画舸浮，使君宁复忆扬州？"菡萏即荷花，欧阳修是因为看到菡萏才想到扬州的，说明扬州的荷花给他的印象很深。种植荷花最密的地方，大概是蜀冈南面的九曲池一带。元丰进士晁补之《扬州杂咏》咏道："欲穿九曲通淮水，只费春夫数日工。但见荷花三十里，何须更有大雷宫。"九曲池原是隋宫旧景，约在今万花园的范围内。"荷花三十里"固然是诗人的夸张，但这里遍植荷藕是没有疑问的。邵伯湖的荷花在宋代也依然繁盛，高邮人孙觉《和孙莘老题邵伯斗野亭》有"结缆嗟已晚，不见芙蓉城。尚想紫茨盘，明珠出新烹"之句，他因天色已晚没能看到大片荷花（"芙蓉城"）为憾。他的朋友张舜民在《和孙莘老题邵伯斗野亭》中，则说到"开池种白莲""设我紫藕供"等语，表明那时邵伯湖里白荷花较多，鲜藕也成为湖畔美食。另外，仪征曾出土雕花石印盒，饰以莲花、莲叶、莲瓣纹样，进一步表明扬州人对于荷花的喜爱。

3. 元明清时期

元代的邵伯湖，依然荷花茂盛。延祐进士黄溍经过邵伯时，作《送宋显夫宪佥分题得邵伯埭》诗说："藕花方烂漫，使节莫留连。"藕花就是荷花，正开得烂漫。同是延祐进士的马祖常在《送扬州方教授》中说："船中镜铸芙蓉月，桥上箫吹杨柳秋。"诗人从船中往外望去，水平如镜，明月倒映，荷花

盛开，故曰"镜铸芙蓉月"。元代广陵驿旁也有荷花。金元著名诗人萨都剌行经扬州时，正值深秋，莲叶枯槁，菊花怒放，所以他在《过广陵驿》中咏道："秋风江上芙蓉老，阶下数株黄菊鲜。"这正是扬州客舍中所见的景色。驿站里的荷花是为了欣赏，但是农人挖池种藕是为了生计。元末张宪《哀亡国》咏道："买桑喂蚕丝不多，凿洼种莲藕几何？广陵夜月琼花宴，结绮春风玉树歌。"叹惜农人凿池栽藕，能够卖得多少莲子呢？

明代扬州的荷花，种植面积有大有小。小的如私家园林，半亩方塘，可以种植少许荷花。洪武时人袁华《草堂清集》诗云："芙蓉小苑落秋红，声动帷犀瑟瑟风。共说扬州月无赖，紫鸾箫里露台空。"是写的小苑芙蓉。嘉靖时人潘之恒《伏日同友人雷塘观荷花》咏道："炎天何处问冰壶？火里莲花望不孤。妆出缟衣光四照，操来寒玉倚三珠。风香冉冉轻频举，波翠田田弱易扶。只少吴歌催放艇，旧游曾忆曲阿湖。"是写的雷塘观荷。很明显，无论是小苑还是雷塘，荷花都是扬州人喜爱的奇葩。

清代扬州的九曲池依然荷花盛开。顺治时人王节《九曲池》诗云："隋家弦管动人愁，莲子花开簇小舟。"盛开的荷花将小舟都簇拥了起来。张幼学《荷香》也写到平山堂前的荷花："十里残荷曲沼通，任舟行处水无穷。"表明瘦西湖北部的水域，在清初生长着大片荷藕。净香园是观赏荷花佳处，杭世骏《净香园》云："亭亭万柄荷，离立清涟中。红白各自好，间错造物工。"这里的荷花分红白两色，景称"荷浦薰风"。张四科《雨中红桥观荷》中的"舟行复楼舸，流赏遍芳塘"，也是写的荷浦薰风。"亭亭万柄荷"是形容荷花之多，相映成趣的是街南书

屋的荷池，据主人马曰璐《新荷初放》咏道："虚亭南北水西东，数柄荷花满袖风。"园中只有"数柄荷花"而已。仲振奎登临虹桥赏荷，作《湖上观荷》赞道："三十六陂外，虹桥花最芳。"就是指的荷花。这时候，城南的荷花池也成了新的赏荷胜地。诗人宗元鼎《莲花池》咏道："中宵凭槛意凄其，楼上星河宛四垂。五月香风来菡萏，安江门外有莲池。"莲池就是荷花池。晚清时，扬州经济衰退，荷花也渐凋零。王翼凤有诗，题为《殷竹楼见邀泛湖看荷，历数曩日亭台，无可复睹，不胜兴废之感》，其中有"荷花待人久，而我犹后来"之句。顾翰《船泊邵伯湖有怀秦朗山》诗中，也哀叹"衰柳枯荷围断墅"。

近代扬州赏荷的去处，以瘦西湖首推第一。扬州词人丁宁长年旅居外地，心中常常思念家乡，她在《望江南·旅窗杂忆》中说："十里芰荷连法海，几家楼阁枕清溪。"法海寺在瘦西湖中，说寺前有十里荷花，并不夸张。学者吴白匋也特别钟情瘦西湖的荷花，有《惜红衣·莲性寺前景色，旧云似琼岛春阴。乙亥七月将北游而未得，泛舟其间，顿起幽思》词云："对渚莲红褪，遥忆液池秋色。"除了湖栽，扬州人家也爱缸栽。宝应华士林有《河传·咏缸荷》云："围架护持，难禁梦萦鸳伴。不了情，泥中纂。"缸中的荷花，需要围架给予护持。

当代扬州以"荷花"命名的荷花池公园，位于扬州荷花池路西侧，原名南池、砚池，因池中广植荷花，故名"荷花池"。清初汪玉枢在池边建有别墅，名南园，为当时扬州八大名园之一。园临砚池，隔岸有文峰塔，景名"砚池染翰"。园主购得太湖奇石九峰，大者过丈，小者及寻，玲珑剔透，相传系

宋代花石纲遗物。园中旧有雨花庵、谷雨轩、海桐书屋、玉玲珑馆、深柳读书堂诸名胜。乾隆帝南巡游此，大加赞赏，赐名"九峰园"，并纪事略。嘉庆后园渐圮，咸丰间废而不存。1981年在荷花池建南郊水上公园，即荷花池公园。今公园内绿树成荫，亭台散布，除了池中广种荷花外，春有杜鹃、茶花，夏有菖蒲、睡莲，秋有丹桂、菊花，冬有腊梅、天竹等。扬州其他赏荷之地，除了瘦西湖、邵伯湖，还有宝应荷园，曾举办荷花节，名闻遐迩。

1985年5月，荷花被评为中国十大名花之一。

二、扬州荷花园林

1. 景点

扬州园林中，以荷花得名的甚多，略述如下：

莲花桥：俗名五亭桥，在瘦西湖内，是古代桥梁建筑的杰作，现为全国重点文物保护单位。桥始建于乾隆二十二年（1757），仿北京北海五龙亭和十七孔桥而建。因形似莲花盛开，故名莲花桥。其建筑风格既有南方之秀，也有北方之雄。相传中秋之夜，桥下每洞都含有一月。清人李斗《扬州画舫录》："莲花桥上建五亭，下支四翼，每翼三门，合正门为十五门。"

莲花埂：莲花桥畔的河堤。清中叶为打通瘦西湖通往大明寺的水道，开挖莲花埂新河。此处旧时多售小儿玩物，《扬州画舫录》引孙殿云诗云："莲花埂上桥畔寺，泥车瓦狗徒儿嬉。"

芙蓉沜：瘦西湖中贺园一景，地在莲花桥东南。沜，水边之意。王铎题芙蓉沜云："花间渔艇近，水外寺钟微。"嵇璜题芙蓉沜云："一片芙蓉新出水，

五亭桥，又名"莲花桥"，建于 1757 年

法海寺，该寺位于五亭桥南侧，1705 年康熙赐名"莲性寺"

千层芳草远浮山。"

芙蓉舟：康熙间瘦西湖上的画舫，有匾名"芙蓉舟"。见《扬州画舫录》卷十八。

净香园：见荷浦薰风。

柳堂荷雨：阮元在城北建北万柳堂，有柳堂荷雨、太平渔乡、秋田获稻、定香亭诸景。阮元题《北湖万柳堂图》云："余家扬州郡城北湖四十里僧道桥，桥东八里赤岸湖有珠湖草堂，乃先祖钓游之地。嘉庆初，先考复购田庄。……今因咏万柳堂，分为八咏：一曰珠湖草堂，二曰万柳堂，三曰柳堂荷雨，四曰太平渔乡，五曰秋田归获，六曰黄鸟隅，七曰三十六陂亭，八曰定香亭。"

荷浦薰风：一名江园、净香园，清代扬州一景，地在大虹桥东。《扬州画舫录》卷十二："荷浦薰风在虹桥东岸，一名江园。乾隆二十七年，皇上赐名净香园。"

芙蓉别业：清人宗元鼎家园，在今江都。吴绮《题宗定九江都芙蓉别业》云："墙东夕映红霞满，疑是芜城即锦城。"

荷花池：一名南池、莲花池，距离九莲庵不远。宗元鼎《莲花池》云："中宵凭槛意凄其，楼上星河宛四垂。五月香风来菡萏，安江门外有莲池。"

宝应荷园：宝应荷园，在射阳古镇近旁，那里莲叶田田，湖水汤汤，是真正的水乡泽国。坐着小船在湖中穿行，一朵朵玉洁冰清的荷花点缀在连天荷叶之上，宛如美人，又似仙子，使人脱俗，教人忘忧。

2.寺庵

扬州寺庙中，也有以荷花得名的，略举如下：

莲性寺：原名法海寺、白塔寺，位于瘦西湖凫庄之南。始建于隋，重建于元。康熙四十四年(1705)，康熙帝南巡时赐名莲性寺。清人黄之隽《莲性寺新亭子》云："御题莲性寺，水绕藕花多。"

莲花寺：或即莲性寺。清人冷士嵋《过莲花寺访见月上人》云："山寺翠岚晴杳蔼，石坛花雨昼冥濛。"

九莲庵：原在今荷花池附近。《扬州画舫录》记载："歙县汪氏得九莲庵地，建别墅曰南园。有深柳读书堂、谷雨轩、风漪阁诸胜。"

三、扬州荷花风俗

扬州民俗中，与荷花、荷叶、莲子有关的不少，比如：

荷叶：旧时常用荷叶作包装用。如酱菜店里常年备有干荷叶，卖酱菜时用一张荷叶包裹，生态而环保。

莲花瓣：一种小型游船。因形似荷花瓣，故名。

莲荷图案："莲"与"联"同音，"荷"与"和"同音，民间常以莲荷图案寓意联合、和谐。

莲子：扬州人多以莲子煨汤，以为补物。

君子之喻：自北宋周敦颐写了"出淤泥而不染，濯清涟而不妖"的名句，荷花便成为君子之花。

荷花仙子生日：相传荷花仙子生日是农历六月二十四。这一天也是雷祖或嫘祖的生日，扬州人称该日出生的人为"雷寿子"。旧时有在这一日夜晚放荷花灯之俗。

四、扬州荷花美食

1. 养生

荷花、荷叶、莲藕都具有中药疗效，是养生的佳品，这里略述其功效如下：

荷花：花期6至9月，有红、粉、白、紫等色。种类甚多，分藕莲、花莲、子莲三大类。荷花食用能活血止血、去湿消风、清心凉血、解热解毒。荷花粥是常见药膳，用大米煮粥快熟时，将荷花洗净放入粥里，再用文火焖少许，具有清香化痰、清暑宁神之作用。荷花花粉具有美容、调养等功效。荷花瓣亦可炸食，系以白荷花瓣若干，配鸡蛋清、菠菜、面粉、精盐等烹制。其法，先将菠菜洗净剁碎，放入调料制成馅心；再将荷花瓣用清水洗净，沥干水分，包进菠菜馅，对折呈夹心状；将鸡蛋清放入碗内，掺入面粉，搅拌成糊状；将荷花包挂满蛋糊，在锅内炸熟即成。

莲藕：李时珍在《本草纲目》称藕为"灵根"，味甘，性寒，无毒，有消瘀清热、除烦解渴、止血化痰之功效。莲藕生食能清热润肺，凉血行淤，熟吃可健脾开胃，止泻固精。老年人常吃藕，可以调中开胃、益血补髓、安神健脑，具延年益寿之功用。妇女产后吃藕，能够消淤。莲藕有食疗作用，如感冒咽喉疼痛，用藕汁加蛋清漱口有特效。其法将莲藕削皮洗净，捣碎挤出藕汁，与蛋清拌匀，存于阴凉处，可用来漱口。莲藕汤能消除口腔炎症，其法将切细的莲藕加水熬汤，每日漱口五六次。患支气管炎，可服藕汁，对晨起时痰中带血丝及晚上声音嘶哑的病人亦有良效。藕汤能防治咳嗽，将带皮莲藕切薄片，同稀饴糖一起熬汤饮用。此外，将藕节

部分粉碎取汁饮用，也可止咳和解除胸闷。发烧且口渴严重时，可饮用鲜藕汁，既能退烧，又解除口渴。民间用藕做菜，可炒，可煮，可炖，可烧。

荷叶：荷叶味苦涩，性平，归肝、脾、胃、心经，有清暑利湿、升发清阳、凉血止血等功效，可治暑湿泄泻、眩晕浮肿、吐血衄血、赤白带下、男子遗精等症。中药现代研究结果表明，荷叶有降血脂作用。荷叶煎剂治疗高脂血症，一个疗程二十日，降胆固醇总有效率达百分之九十。荷叶中生物碱有降血脂作用，临床常用于肥胖症治疗。在荷花盛开季节，摘取适量荷叶，洗净、切块、晒干、收贮，或将洗净的荷叶切碎、烘干、研末、装瓶，密封备用。荷叶茶、荷叶粥均是较为有效的家庭食疗经验方，可用于防治高脂血症、肥胖症、脂肪肝等病症。典型的荷叶粥，用鲜荷叶一张、荷花一朵、扁豆花五朵、大米若干，煮沸服食，可清热解暑、除烦利尿，适用于暑热症。

莲子：别名莲肉、白莲、建莲，味甘涩，性平，入心、脾、肾，补脾止泻，益肾涩清，养心安神。主治夜寐多梦，失眠健忘，心烦口渴，腰痛脚弱，耳目不聪，遗精淋浊，久痢虚泻，妇女崩漏，不欲饮食等症。莲芯味道极苦，有显著强心作用，能扩张外周血管，降低血压，还可以治疗口舌生疮，并有助于睡眠。莲子的食用方法很多，如莲子粥，用莲子、粳米或糯米入锅同煮；莲子羹，将莲子洗净后加水煮，加冰糖少许；龙眼莲子粥，以莲子、龙眼、百合、冰糖，加适量水，上笼蒸透后食用；红枣莲子粥，以莲子、红枣、粳米或糯米共入锅中煮，加适量白糖。

2. 菜肴

用荷花、荷叶、莲藕、莲子可以制成许多美味佳肴，这里略举数例：

香炸鲜荷：原料为嫩荷花一朵，以及京糕、豆沙、鸡蛋、面粉、玫瑰糖、精炼油等。制法是先将荷花摘下花瓣，用温水洗净，京糕切成薄片，鸡蛋磕入碗中，放入面粉，以清水调成糊状。在京糕片上抹上豆沙，卷起，外面裹上荷花瓣，用蛋清封口。砂锅上火，放入精炼油，烧至五成热时，将荷花卷挂上蛋糊，入锅炸至淡黄色，用漏勺捞起。待油温七成热，放入荷花卷炸至金黄色，捞起装盘，撒上玫瑰糖即成。(《中国维扬菜》)

蜜钱捶藕：原料为老藕数段，以及鸡蛋、糯米、蜜枣、金桔、莲心、蜂蜜、白糖、淀粉、精炼油等。制法是将糯米淘净，藕削去两端，把糯米灌入藕孔，入锅焖烂。取出烂藕，削去藕皮，切成小块。将鸡蛋与淀粉调成糊状。将藕块沾上蛋糊，蘸上淀粉，用面杖反复捶打，直至疏松。再将藕片放入精炼油锅中，炸成金黄色，捞起切成条状。将蜜枣、金桔切成丝，与莲心放在碗底，再将藕条排入，放入白糖，上笼以旺火蒸，复加蜂蜜浇上即成。(《中国维扬菜》)

荷花酥鸡：原料为鲜荷花一朵，以及鸡脯、面包、咸蛋、松仁、精盐、淀粉、姜葱等。制法是将鸡脯剁成茸，放入盆内，加进盐、姜、葱、酒搅拌。将面包切成片状，抹上鸡茸，放上松仁和咸蛋的蛋黄。将锅中油烧至四成热，放入鸡茸面包片，炸至微黄色，取出漏油。用荷花点缀装盘，配蛋黄酱蘸食。(《中国维扬菜新风集》)

荷叶风鸡：原料为鲜荷叶一张，以及仔鸡一只，另有绍酒、精盐、酱油、白糖等。制法是将仔鸡宰杀，洗净，沥干水分，用绍酒、精盐、酱油、白糖里外抹透。将荷叶洗净，折叠后塞入鸡腹。将鸡放入笼内，用旺火蒸熟，取出，挂在通风处吹半日。食时撕成小块，装盘即可。(《扬州大众菜点》)

荷香仔鸽：原料为鲜荷叶二张，以及莲子、仔鸽、鸽蛋，另有绍酒、姜葱、酱油、白糖、淀粉、麻油等。制法是将仔鸽洗净，用酱油浸泡片刻。待

锅内油加热至五成热，将仔鸽放入，炸至深黄色捞出。另在锅内放少许油，与姜葱、绍酒、酱油、白糖、精盐等混合，把炸好的仔鸽用旺火烧开，再用小火焖。同时加入莲子、鸡汤。仔鸽焖好后，切成块状装盘，上笼蒸透，再将莲子、鸽蛋放在周围。最后勾芡淀粉，制成乳汁，与麻油浇入盘中。(《扬州大众菜点》)

莲蓬豆腐：原料为鲜荷叶一张、荷花一朵，以及豆腐、鸡脯、猪膘、豌豆、鸡蛋等，另有白糖、料酒、味精、姜葱、花生油、熟猪油、熟鸡油等。制法是将豆腐拍烂成泥，将鸡脯、猪膘斩成茸，一同放入鸡蛋清、味精、精盐等搅拌待用。将荷叶洗净剪成圆形，铺在盘上。将豆腐茸镶入模具，使成莲蓬形状，置于荷叶上，进笼蒸熟。将荷花瓣放在盘子四周，淋上白糖、料酒、味精、姜葱、花生油、熟猪油、熟鸡油等混制的乳汁即可。(《淮扬菜谱》)

荷叶粉蒸肉：原料为鲜荷叶五张，以及猪肉、籼米、酱油、白糖、绍酒、姜葱、桂皮、麻油、腐乳、面酱等。制法是将籼米、桂皮下锅炒至淡黄，碾成粉。猪肉切成条，用酱油、白糖、绍酒、姜葱、麻油、腐乳、面酱等浸泡，倒入米粉和麻油再拌匀，上笼蒸烂取出。将荷叶洗净，剪成扇面型，入沸水烫一遍，平铺在案板上，将蒸好的肉包在荷叶中，再上笼蒸片刻即成。(《中国扬州菜》)

藕粉圆子：原料为藕粉，以及枣泥、芝麻、绵糖、蜂蜜、桂花卤等。制法是将芝麻炒熟碾碎，加上枣泥、芝麻、绵糖、搅拌后搓成长条，再切成段，然后搓成馅心。将藕粉碾成粉状，放入盘中。把馅心放在藕粉上，转动盘子，使得每个馅心上都沾满藕粉，取出在沸水中养熟。再放入藕粉盘中，装盘使之沾满藕粉，复入沸水养熟。如此四五次，最后将成熟的圆子放入碗中。再加入蜂蜜、桂花卤即成。(《中国扬州菜》)

藕粉桂糖糕：原料为藕粉、米粉、桂花糖。制法是将藕粉、米粉、桂花糖搅拌，洒入甘草水，放入糕模，上笼蒸熟。(《扬州红楼宴》)

莲叶羹：原料是鲜荷叶、面粉、鸡肉。借新鲜荷叶的香味，与鸡肉同煨，可助元气，消除水肿。(《扬州红楼宴》)

五、扬州荷花佳话

1. 鉴真古莲传友谊

1963 年，日本定为"鉴真年"，日本荷花专家大贺一郎将他培育的"大贺莲"赠送中国，其原种为日本千叶县发现的两千年前的古莲子。中国植物学家把"大贺莲"与中国普兰店古莲培养出的莲花进行杂交，新品种命名为"中日友谊莲"。遵赵朴初先生指示，将"中日友谊莲"回赠大贺先生的学生阪本裕二，阪本将它栽种在唐招提寺。

1974 年 4 月，赵朴初访问日本，再次到唐招提寺看"中日友谊莲"。因"十年动乱"，中国的"中日友谊莲"已荡然无存。阪本把具有不平凡经历的"中日友谊莲"与当年鉴真培育的"唐招提寺莲"赠

送邓颖超和赵朴初，置放于扬州大明寺。赵朴初说："日本人民就是这样通过育花、赠花，表达自己对鉴真大师和中国人民深情厚谊的，令人毕生难忘。"

日本唐招提寺由唐代高僧鉴真和尚亲手兴建，是日本佛教律宗的总寺院，已被确定为日本国宝。御影堂内供奉着鉴真干漆夹纻造坐像面向西方，双手拱合，结跏趺坐。御影堂前有鉴真墓，院中种植来自中国的松树、桂花、牡丹、芍药，以及"孙文莲""唐招提寺莲""唐招提寺青莲""日中友谊莲"和扬州琼花等。

2. 平山堂上太守情

说到荷花，不能不先想到文章太守欧阳修。欧阳修在扬州做官的时间并不长，平山堂却几乎成了他永久的纪念碑。现在一到堂前，就看见芭

蕉片片，杨柳依依，各种奇花异草点缀着这座风流宛在的古厅堂。然而，平山堂最美的传奇，除了那株万人景仰的"欧公柳"之外，应是千年传颂的"邵伯荷"。

　　唐人在酒宴上喜欢击鼓传花，宋人也流行此风。欧阳修任扬州太守时，在蜀冈建平山堂，作为游宴之所。每到仲夏之夜，欧阳修与文人墨客雅聚平山堂，差人从邵伯湖折取荷花千余朵，分插百许盆，放在客人之间。然后让歌妓奏乐，并以花传客，依次摘其花瓣。最后的花瓣传到谁的手里，则饮酒一杯，或赋诗一首。游戏往往到深夜方散，载月而归。此事典出宋人叶梦得《避暑录话》："公每于暑时，辄凌晨携客往游，遣人走邵伯湖，取荷花千余朵，以画盆插百余盆，与客相间。酒行，即遣妓取一花

传客，以次摘其叶，尽处则饮酒，往往侵夜载月而归。"史载欧阳修在平山堂诗酒聚会，最重要的一个节目就是赏荷。他赏荷的方式颇为特别，常叫人从很远的邵伯湖取来荷花千余朵，分插百许盆，放在客人之间；然后让歌妓取一花传客，客人依次摘其瓣，谁轮到最后一瓣就饮酒一杯，赋诗一首。这种风雅的游戏，往往要到夜深，方才尽兴，然后主客载月而归。

　　平山堂上高悬的"坐花载月""风流宛在"匾额，就是说的这段故事。现在匾上"风流宛在"的"流"少了一点，"在"多了一点。有人强解说，书家的意思是想让欧公的风流少一点，实在多一点，听了令人忍俊不禁。其实欧公的风流，岂是一般人所能理解的？

欧阳修在扬州的政绩，就是"宽简"二字。据说他花很短的时间，就把官署治理得井然有序，如同僧舍一般寂静。欧阳修的儿子在《先公事迹》里说，他的令尊一向"以镇静为本，不求声誉"，所以每到一地，只抓大事。"如扬州、南京、青州，皆大郡多事，公至数日，事十减五六；既久，官宇阒然。尝曰：'以纵为宽，以略为简，则事弛废而民受弊。吾所谓宽者，不为苛急；简者，去其繁碎尔。'"因此，凡是欧公待过的地方，"所至不见治迹，而民安其不扰"。在他离任后，扬州人还给他建了生祠，也即为活人建立的庙。

平山堂就是一座欧阳修纪念堂，纪念他的文采，也纪念他的清廉和智慧。在欧阳修看来，虚张声势、哗众取宠都于事无补，只有因地制宜、实事求是才能收获希望。平山堂位于大明寺西南，据说原是寺庙的仓储，早已破败。欧阳修就地取材，因陋就简，利用这块空地建起了平山堂。欧阳修为什么要摘取

邵伯湖荷花行酒，而不是摘取其他的花呢？可能一则因为烈日炎炎的夏季，唯有荷花可以清心祛暑；二则因为扬城内外的荷花都有主，为了不至扰民，故而舍近求远；三则邵伯湖水面广阔，荷花多属野生，既新鲜又量大，因此虽远也值得。

自欧公以来，邵伯湖的荷花至今依然繁盛。清人邹熊《邵伯湖采莲曲》咏道："扬州女儿红罗襦，阿妹摇船阿姊俱。姊采莲花妹采叶，要他叶上走明珠。"

3. 砚池也发荷花香

扬州城南有砚池，池中生长荷花，故又名荷花池。荷花池的荷花品种，现在多达四百余种，另有睡莲近二十种。在第十八届全国荷花展览中，扬州荷花池曾独家提供展览用花。而在全国荷花展览碗莲栽培技术评比中，扬州荷花池送展的碗莲连续多届获奖。每当盛夏，这里荷香四溢，莲水一色，是

扬州人赏荷的胜地。

荷花池在明末是名闻一时的影园，也是造园大师计成的杰作。园主为明末扬州名士郑元勋。影园巧借山、水、柳的倒影，营造出一幅人间仙境画图。园建成不久，清兵南下，一代名园难逃厄运，到清初只剩断壁残垣，以柳影、水影、山影著称的影园从此成为历史。到清初，名士汪玉枢在此建别墅，名为南园。因为园临砚池，隔岸有文峰塔，故又名"砚池染翰"。汪玉枢曾购得太湖奇石九峰，置于园中，相传系宋代花石纲遗物。乾隆南巡游此，大加赞赏，赐名九峰园。后来南园到嘉庆时渐圮，咸丰间基本废去，遂成为老百姓眼中的荷花池。

如今的荷花池四季花香，春有杜鹃、茶花、春兰、茉莉，夏有菖蒲、睡莲、六月雪、夹竹桃，秋有桂花、菊花、石蒜、一串红，冬有腊梅、天竹。当然，最好的赏花季节是盛夏赏荷，历代诗人都有荷花池赏荷的诗篇。

道光时有神童之誉的诗人徐兆英，曾经来此消夏，作《荷花池赏雨》诗云："风声催送雨声喧，窗外菰蒲影乱翻。喷满荷珠成白战，压沉山气认黄昏。呼名鸭聚充波浴，戏叶鱼惊当饵吞。几日江流无恙否？关心津吏报潮痕。"当时徐兆英正担任河防官员，所以他看到荷花池水涨，便想到长江水位是否高涨。

晚清著名藏书家李慈铭来游扬州时，曾到荷花池游览，事后作《由天宁寺游南荷花汧》诗，荷花汧也即荷花池。他的荷花池之游，差一点有艳遇。诗中说："是日，有游女饮池上。"这一天他看到有女郎在荷花池饮酒，心向往之。所以"水榭临红妆，绿窗隔纱雾"中的红妆，不是指荷花，却是实指美人。

在园林中凿池栽荷，其实是扬州人的传统。扬州司徒庙北旧有养志园，乃晚清山东人于昌遂在扬州做淮扬兵备道时所筑，园中特地开池种荷。主人对池中荷花的栽种、成活、生叶、结朵、怒放、观赏等，观察得非常仔细，后来在《规塘新种荷花盛开》诗中加以详尽描绘。如他形容池塘的形状是"凿池像阙月"，栽藕的季节是"方春种藕苗"，长出的枝叶来是"竦若青琅干"，开出的花朵是"红霞冒屋脊，素月悬檐端"。可见园主对荷塘的钟爱。

4. 诗情浓处是芙蓉

历代诗人对于荷花的赞美之作，可谓车载斗量。在扬州，也有许多诗人留下了咏荷的诗篇。

康熙年间在扬州做府学教授的朱虹，后来晋京入了翰林院。他在扬州时，曾经陪同其他官员到扬州红桥看荷花。其后朱虹有《陪刘木斋学宪红桥观荷》诗，写他们看到满湖的荷花，便想到当年的欧阳修："可知坐近莲花府，应许歌传荷叶杯。堂指平山行乐地，诗惊大历轶群才。"可见欧公风流余韵之绵长。

扬州八怪之一的汪士慎，与东关街上的大儒商马氏兄弟交好。马家有街南书屋，其中养有盆荷。汪士慎的《咏两明轩盆荷》诗，就是赠给马氏兄弟的。他在诗中说："尺许香泥种藕须，从今花胜美人姿。阶前一样翻风叶，何用凭栏定有池。"他认为荷花之美更胜于美人。

仲鹤庆是乾隆间泰州人，曾任四川大邑知县，工诗能画。他也曾来扬州赏荷，后来写有《邗上观荷》一诗，说："南浦有情香梦稳，西泠何处故人非。"

诗中的"南浦"如果不是虚指的话，也许就是说的荷花池。其中"花光零乱都成锦，露气空濛欲湿衣"二句尤好。

清中叶的扬州诗人张四科，曾得到袁枚的赏识。他曾在雨天乘船到瘦西湖赏荷，觉得别有一番意趣。他在《雨中红桥观荷》写道："舟行复楼舫，流赏遍芳塘。冥冥湖云合，苍苍堤树长。"抒写了他在阴雨天气看到的湖上景色。

然而到了道光年间，扬州境况日衰。诗人王翼凤与友人在瘦西湖上游玩之后，写了一首《殷竹楼见邀泛湖看荷花，历数曩日亭台，无可复睹，不胜兴废之感》，叹道："嘉游滞尘迹，有约荷花开。荷花待人久，而我犹后来。"他看到的景色竟然是："洞天那堪言，拳石今几存。寂历见丘陇，谁招华屋魂。"晚清扬州的没落，使得赏荷也失去了兴致。

尽管晚清诗人梅植之还能怀着恬淡的心情，和友人沿着长堤春柳漫步到小金山，沿途观赏芙蓉盛开，并在《虹桥步堤稍次小金山看芙蓉》诗中写他们"沿流散襟带，缓缓沙边路"时看到的"芙蓉照水影，上下花与齐"的美景。但是，同时代的扬州人林溥在《王望湖招集草堂观荷》中却说："相看莫话虹桥事，月观风亭劫后灰！"这是指太平天国战争的酷烈兵火，将扬城精华——虹桥一带的园亭风光破坏殆尽，因而他们看到荷花反而不敢话当年盛事了。

扬州八怪也有画荷花的，金农、李鱓、边寿民、高凤翰等人都画过荷花。最独特的是李葂的《墨荷图》。他的荷花寥寥数笔，清简脱俗，有独立之姿，无娇媚之态——我觉得这正是荷花的精魄所在，也是扬州人眼中的荷花之美。

六、扬州荷花文学

扬州历史上有很多歌咏荷花的诗词、楹联、散文，这里选择部分如下：

1．诗词

（1）隋·杨广《江都夏》
黄梅雨细麦秋轻，枫树萧萧江水平。
飞楼绮观轩若惊，花簟罗帏当夜清。
菱潭落日双凫舫，绿水红妆两摇漾。
还似扶桑碧海上，谁肯空歌采莲唱？

（2）唐·皮日休《木兰后池三咏·重台莲花》
欹红婩婧力难任，每叶头边半米金。
可得教他水妃见，两重元是一重心。

（3）宋·晁补之《扬州杂咏之三》
欲穿九曲通淮水，只费春夫数日工。
但见荷花三十里，何须更有大雷宫。

（4）元·萨都剌《过广陵驿》
秋风江上芙蓉老，阶下数株黄菊鲜。
落叶正飞扬子渡，行人又上广陵船。
寒砧万户月如水，老雁一声霜满天。
自笑栖迟淮海客，十年心事一灯前。

（5）明·潘之恒《伏日同友人雷塘观荷花》
炎天何处问冰壶？火里莲花望不孤。
妆出缟衣光四照，操来寒玉倚三珠。
风香冉冉轻频举，波翠田田弱易扶。
只少吴歌催放艇，旧游曾忆曲阿湖。

（6）清·张四科《雨中红桥观荷》
水花不受暑，得雨气益凉。
舟行复楼舫，流赏遍芳塘。

冥冥湖云合，苍苍堤树长。

岂必临极浦，浩然来风香。

虚亭一延憩，可以御清觞。

顾惭疚勤者，沾体方分秧。

（7）清·朱虹《陪刘木斋学宪红桥观荷》

可知坐近莲花府，应许歌传荷叶杯。

堂指平山行乐地，诗惊大历轶群才。

（8）近代·吴白匋《惜红衣·莲性寺前景色，旧云似琼岛春阴，乙亥七月将北游而未得，泛舟其间，顿起幽思》

塔坏穿霞，湖瘟限日，浪抛吟力。

照影纯波，朱颜看成碧。

文鳞渐老，愁换尽，虹梁游客。

幽寂，萧寺冷钟，嘱苍烟归息。

燕台紫陌，栖梦年年，如今乱尘藉。

平居恨似去国，马嘶北。

咫尺柳阴遮断，不见远鸿来历。

对渚莲红裙，遥忆液池秋色。

2．楹联

扬州园林中咏荷楹联很多，楹联犹如画龙点睛之笔，有之则使荷塘生色，荷景增辉。

（1）净香园

满浦红荷六月芳，慈云大小水中央。

雨后净猗竹，夏前香想莲。

（2）清华堂

芰荷叠映蔚，水木湛清华。

（3）西园曲水·濯清堂

十分春水双檐影，百叶莲花万里香。

（4）石壁流淙园·花潭竹屿

天上碧桃和露种，门前荷叶与桥齐。

（5）小金山

一水回环杨柳外，画船来往藕花天。

莲出绿波桂生高岭，桐间露落柳下风来。

（6）绿荫馆

四面绿阴少红日，三更画船穿藕花。

3．散文

（1）朱自清：《荷塘月色》

这几天心里颇不宁静。今晚在院子里坐着乘凉，忽然想起日日走过的荷塘，在这满月的光里，总该另有一番样子吧。月亮渐渐地升高了，墙外马路上孩子们的欢笑，已经听不见了；妻在屋里拍着闰儿，迷迷糊糊地哼着眠歌。我悄悄地披了大衫，带上门出去。

沿着荷塘，是一条曲折的小煤屑路。这是一条幽僻的路；白天也少人走，夜晚更加寂寞。荷塘四面，长着许多树，蓊蓊郁郁的。路的一旁，是些杨柳，和一些不知道名字的树。没有月光的晚上，这路上阴森森的，有些怕人。今晚却很好，虽然月光也还是淡淡的。

路上只我一个人，背着手踱着。这一片天地好像是我的；我也像超出了平常的自己，到了另一世界里。我爱热闹，也爱冷静；爱群居，也爱独处。像今晚上，一个人在这苍茫的月下，什么都可以想，什么都可以不想，便觉是个自由的人。白天里一定要做的事，一定要说的话，现在都可不理。这是独处的妙处，我且受用这无边的荷香月色好了。

曲曲折折的荷塘上面，弥望的是田田的叶子。叶子出水很高，像亭亭的舞女的裙。层层的叶子中间，零星地点缀着些白花，有袅娜地开着的，有羞涩地打着朵儿的；正如一粒粒的明珠，又如碧天里的星星，又如刚出浴的美人。微风过处，送来缕缕清香，仿佛远处高楼上渺茫的歌声似的。这时候叶子与花也有一丝的颤动，像闪电般，霎时传过荷塘的那边去了。叶子本是肩并肩密密地挨着，这便宛然有了一道凝碧的波痕。叶子底下是脉脉的流水，遮住了，不能见一些颜色；而叶子却更见风致了。

月光如流水一般，静静地泻在这一片叶子和花上。薄薄的青雾浮起在荷塘里。叶子和花仿佛在牛乳中洗过一样；又像笼着轻纱的梦。虽然是满月，天上却有一层淡淡的云，所以不能朗照；但我以为这恰是到了好处——酣眠固不可少，小睡也别有风味的。月光是隔了树照过来的，高处丛生的灌木，落下参差的斑驳的黑影，峭楞楞如鬼一般；弯弯的杨柳的稀疏的倩影，却又像是画在荷叶上。塘中的月色并不均匀；但光与影有着和谐的旋律，如梵婀玲上奏着的名曲。

荷塘的四面，远远近近，高高低低都是树，而杨柳最多。这些树将一片荷塘重重围住；只在小路一旁，漏着几段空隙，像是特为月光留下的。树色一例是阴阴的，乍看像一团烟雾；但杨柳的丰姿，便在烟雾里也辨得出。树梢上隐隐约约的是一带远山，只有些大意罢了。树缝里也漏着一两点路灯光，没精打采的，是渴睡人的眼。这时候最热闹的，要数树上的蝉声与水里的蛙声；但热闹是它们的，我什么也没有。

忽然想起采莲的事情来了。采莲是江南的旧俗，似乎很早就有，而六朝时为盛；从诗歌里可以约略知道。采莲的是少年的女子，她们是荡着小船，唱着艳歌去的。采莲人不用说很多，还有看采莲的人。那是一个热闹的季节，也是一个风流的季节。梁元帝《采莲赋》里说得好：

于是妖童媛女，荡舟心许；鹢首徐回，兼传羽杯；櫂将移而藻挂，船欲动而萍开。尔其纤腰束素，迁延顾步；夏始春余，叶嫩花初，恐沾裳而浅笑，畏倾船而敛裾。

可见当时嬉游的光景了。这真是有趣的事，可惜我们现在早已无福消受了。

于是又记起《西洲曲》里的句子：采莲南塘秋，莲花过人头；低头弄莲子，莲子清如水。

今晚若有采莲人，这儿的莲花也算得“过人头”了；只不见一些流水的影子，是不行的。这令我到底惦着江南了。——这样想着，猛一抬头，不觉已是自己的门前；轻轻地推门进去，什么声息也没有，妻已睡熟好久了。（1927 年 7 月，北京清华园）

（2）丁家桐：《送你一片荷叶》

十里栽花算种田，扬州多水，有水的地方便种荷花。扬州的荷花不如琼花出名，琼花联系着一位君王。也不比芍药出名，芍药成就了四位宰相。联系不上显贵也无妨，荷花并无失落感，因为她谦虚而正直。

荷茎中空，荷藕也是中空的。中空便虚心，别的花怎么得意并不关注，无意于争奇斗艳。荷茎还是直的，直是正直，不屑于走歪门邪道。她只知奉献：花也献了，果实也献了，根也献了，一生但求有益于人，人们怎么评说，是无所谓的。

俗云老实人吃亏，老实的花也吃亏。其实，事情发展到后来，老实未必吃亏。荷花是花中诚实者，老百姓惦念她。扬州标志性建筑名莲花桥，她成了一座古城的象征；扬州有荷花池、莲花坊、青莲巷，地域以她为名，许多人又以她的形象命名，什么荷，什么莲。黎民喜欢她，佛祖也喜欢她，她成了莲花宝座，接受人间香火。只是她不忘服务，压在佛祖屁股下面，物尽其用而已，既没有什么光荣感，也说不上有什么委屈感。

如果以为荷花逆来顺受，那就错了。人们赞美菊花，赞美梅花，说她们傲霜斗雪。其实还有一种花，斗暑斗热。赤日炎炎，桃花杏花哪里去了？琼花芍药哪里去了？争艳的百花哪里去了？惟有荷花，亭亭玉立，不断以荷院清风，让苦苦在烈日下煎熬的人们获得一点喘息。诗人只是称赞她的美貌，往往忽略了她的骨气。

诗人是花的崇拜者。赞美名花，不惜美丽的言词，不吝笔墨。做过扬州郡守的欧阳修歌颂琼花、歌颂芍药，说是天下无双，还建了一座无双亭，作为永久的纪念。到了暑天，他在平山堂宴客，太守送客人什么呢？琼花吗？琼花早谢了；芍药吗？芍药也已萎了。不得已，他便求救于荷花，命人去邵伯湖折花传客。荷花就是这样，别人出风头的时候，她默默无闻，无所计较，一旦四方有难的危急时刻，她便挺身而出了。

荷花是牢记养育之恩的。她生于污泥，但花容俊俏，洁白嫣红，如珠如玉。到了如珠如玉的时刻，她并不嫌弃污泥，她懂得美与丑共存之理，她不忘本，她知道没有丑便没有美，她不离开脚下的那片污泥，她永远记得是谁养育了她，成全了她。她还是洁身自好的，她明白游人的贪婪，想抚弄她、损害她、亵渎她，世界上愈是美的存在，便愈是有人想加以摧残。她长于水中，又远远地立于水中，以色与香示人，但只是让你可望而不可及。

荷花有益于人，荷实有益于人，荷的根茎也有益于人，别忘了，荷叶也有益于人。画家田原在扬州画过一片残破的荷叶，时在"文革"以后。我奇怪，问他为什么要画败叶，他不言语，题了七个字："留得残荷听雨声。"我明白了：他是为伤心人画的。身心俱残，心可不能冷，听听残荷雨声，振作起来吧。

荷叶使人振作，我还想起李广田。诗人说，征途艰险，山重水复，时时会有骄阳炙烤，会有风雨袭来，损人肌骨。他所心仪的那个人送了他一片荷叶，说是荷叶伞。他在头顶上遮起这柄荷叶伞，于是，长河大漠，急流险滩，他都过来了；烈日如火，大雨倾盆，他也过来了。有了一片荷花，他便有了信心，有了希望，在人生的旅途上奔波不息。

还有一位家乡的文豪，写过一篇《荷塘月色》。他在扬州流连的日子，我尚在襁褓中，只是，我在他的故居工作过一段岁月。故居有一幅荷花图，那是《荷塘月色》中的荷花，光斑处处，表现着光影和谐的无声旋律。淡淡的荷花传达出一种情绪，记录着一个时代，也造就了一代才子。

仰望塑像，神思万里。静静的一片荷叶，一种美，一种永恒。

（3）韦明铧：《荷浦薰风》

荷浦薰风是扬州的一处旧景，属于北郊的二十四景之一，但是现在已经不大有人知道。那位置大约在今天大虹桥东岸，人称"净香园"的地方。那里的荷花曾经很出名，一边是湖，一边是塘，一边种着红荷花，一边种着白荷花，暖风吹来，香气袭人。

"荷浦薰风"，让人仿佛看见满湖满塘的亭亭莲叶，如同翡翠和碧玉雕琢打磨成的一样。莲叶中间挺立着一朵朵芙蓉，红的像火，白的像雪，都出奇地洁净、安详、从容。一阵风把它们的香味吹开来，游人便有些微醺的样子，灵魂也好像得到了净化和升华。

荷浦薰风本是清代扬州盐商江春家园的一景。江春的家园，扬州人称作江园，乾隆南巡时赐名净香园。净香园的名字，揣其意也是与荷花有关。还有什么花担得起"净香"二字呢？

但是净香园的景致，也不仅仅是荷花。净香园的大门前，曾经栽着许多竹子，中有青琅玕馆。竹子的尽头，是杏林，中有杏花春雨之堂。穿过杏林，是杨柳，是处为绿杨湾。与绿杨湾隔水相望的，是种着梅树的小岛，名为浮梅屿。在这之后，又有桃林一片，中有建筑，曰桃花馆。有了这么多的嘉木，净香园的四季花事，也就不会寂寞了。

净香园主人江春原籍徽州，因为经营盐业而久居扬州。他是两百年前的一个兼容并包的商人，这不仅仅由于他在净香园里种了这么多花的缘故。他是大商人，担任两淮商总数十年，同时又读书写字，有《随月读书楼时文》行世。他喜欢昆曲，建立了扬州最早的昆剧家班德音班，同时又爱好乱弹，成立了扬州最早的乱弹家班春台班。他礼贤下士，天下奇才座中常满，又善于结交皇上，被誉为"以布衣上交天子"。最能说明他的胸襟之宽阔的，是他家园林里除了中国传统建筑之外，还吸纳了西洋建造法。清人李斗《扬州画舫录》说，江园里有一种房舍，是"仿泰西营造法"而建的。泰西，也就是现在说的西方。据书中说，这种房舍"仿效西洋人制法，前设栏楯，构深屋，望之如数十百千层，一旋一折，目眩足惧"。此外屋中还安置自鸣钟、玻璃镜等等西方舶来品，令今人叹为观止！

但是，这样一座好园子，却并没有存在多长时间。仅数十年工夫，因江春触怒乾隆，被削衔抄家，包括荷浦薰风在内的江园很快就一片荒芜了。近人王振世在《扬州览胜录》中说，"嘉道以后，江园荒废，旧景无存"，即谓此事。江春的兼容并包，固然是好，可惜他做的一切，不可能超出一个封建官商的视野。他可以做到雅俗共赏，可以做到中西并蓄，可以同时喜爱红荷花白荷花，但是他无法在做一个封建官商的同时做一个现代哲人，他的命运始终系于皇帝一人手中。

荷浦薰风旧景到了民国年间，曾经改建为熊园，以纪念辛亥烈士熊成基。当时于湖面遍种荷花，以复旧观，但这些努力都无法与乾隆盛世相比了。

关于荷浦薰风最早的记忆，存在于《扬州画舫录》卷十二中："荷浦薰风在虹桥东岸，一名江园。乾隆二十七年，皇上赐名净香园。御制诗二首，一云：'满浦红荷六月芳，慈云大小水中央。无边愿力超尘海，有喜题名曰净香。结念底须怀烂漫，洗心雅足契清凉。片时小憩移舟去，得句高斋兴已偿。'一云：'雨过净猗竹，夏前香结莲。不期教步缓，率得以神传。几洁待题研，窗含活画船。笙歌题那畔，可入牧之篇？'……涵虚阁外构小亭，置四屏风，嵌'荷浦薰风'四字。过此即珊瑚林、桃花馆。对岸即来薰堂、海云龛，而春波桥跨园中内夹河。桥西为荷浦薰风，桥东为香海慈云。是地前湖后浦，湖种红荷花，植木为标以护之；浦种白荷花，筑土为堤以护之。"看来，荷浦薰风是一个值得品赏和凭吊往昔的佳处。

面对潋滟湖水，让夹裹着历史烟尘的香风扑向自己的胸怀，长啸一声，可以尽情吐出积郁于心的烦闷。时光不停地流逝，永远不变的只有红荷花、白荷花。

七、扬州荷花艺术

1.书画

荷花和书画关系密切。以扬州八怪为例，多数画家都与荷花有关系，或者画荷花，或者咏荷花。

如金冬心有《西湖莲舫图》，是因为他在扬州看到荷花，所以想起了家乡杭州西湖。金冬心说："予本杭人，客居邗上，时逢六月，辄想家乡绿波菡萏之盛，因作此图。"金冬心也许常常提起故乡杭州的荷花，故他的弟子罗两峰曾为此作画，并用罕见的白话题道："荷花开了，银塘悄悄。新凉早，碧翅蜻蜓多少。六六水窗，通扇底微风。记与那人同坐，纤手剥莲蓬。画冬心先生自度曲。"师生的情意，荷塘的氤氲，都在其中。

郑板桥曾为高凤翰《荷花图》题诗，说："济南城外百池塘，荇叶花荷菱藕香。"高凤翰的荷花图很多，其中有一幅题道："翘翘黄甲，高驾莲芳。青荷扬彩，碧藕飞香。膏凝玳瑁，中澜文章。莲花净界，君子之乡。"歌颂了荷花的美好。

华新罗也画过好多幅荷花，其中有一幅《荷花鸳鸯图》，描写了鸳鸯在荷花下面戏水的美景："鸳鸯怀春，芙蓉照影。如此佳情，如此佳景。"陈玉几也爱画荷，有一幅《墨荷图》题道："蟋蟀在秋堂，芙蓉出深水。""佳人耻施朱，欲与天真比。"寄托了画家孤傲的心性。

在八怪中，画荷比较多的是李复堂、边芦雁和黄瘿瓢。李复堂是兴化人，兴化是水乡，多植荷藕，画家对荷花的千姿百态了解颇深。在李复堂的笔下，有各种各样的荷花。有粉色的荷花："碧波心里露娇容，浓色何如淡色工？"有深色的荷花："休疑水盖染污泥，墨笔翻飞色尽黧。"有白色的荷花："冰雪心肠腕下来，一枝清影画图开。"

华品《荷花鸳鸯图》

金农杂画册

扬州荷

高凤翰《荷花图》

边芦雁是淮安人，生活于芦荡之中，对于荷藕各部分的习性也烂熟于心。他画莲蓬："南人家水曲，种藕是良谋。落得好花看，秋来子亦收。"他画藕节："采莲人返，恁携来，玉腕一般香洁。素手金刀，才落处，道是鲛宫镂雪。"他画雨荷："最爱闻香初过雨，晚凉池馆月来时。"

黄瘿瓢是福建宁化人，对于南方的荷塘也司空见惯。他有《荷花鹭鸶图》："双鹭应怜水满池，风飘不动顶丝垂。"有《芙蓉白鹭图》："近水楼台秋水淡，芙蓉雨过十分凉。"还有《荷花图》只题了七个字："荷叶秋风失翠渚。"秋风劲吹，荷叶乱翻，以至于绿堤都处于一片迷蒙中。

2. 音乐

在扬州流行的戏曲音乐中，有《干荷叶》《粉红莲》《采莲调》《青荷叶上》等曲词，均与荷花相关。

〔干荷叶〕，元明俗曲曲牌，曾流行于江淮及扬州一带。明人顾起元《客座赘语》卷九载："里巷童孺妇媪之所喜闻者，旧惟有〔傍妆台〕〔驻云飞〕〔耍孩儿〕〔皂罗袍〕〔醉太平〕〔西江月〕诸小令，其后益以〔河西六娘子〕〔闹五更〕〔罗江怨〕〔山坡羊〕。〔山坡羊〕有沉水调，有数落，已为淫靡矣。后又有〔桐城歌〕〔挂枝儿〕〔干荷叶〕〔打枣干〕等，虽音节皆仿前谱，而其语益为淫靡，其音亦如之。"沈德符《万历野获编》卷二十五载："嘉隆间乃兴〔闹五更〕〔寄生草〕〔罗江怨〕〔哭皇天〕〔干荷叶〕〔粉红莲〕〔桐城歌〕〔银绞丝〕

之属。自两淮以至江南,渐与词曲相远,不过写淫媒情态,略具抑扬而已。"其经典唱词为:"干荷叶,色苍苍,老柄风摇荡。减了清香,越添黄。都因昨夜一场霜,寂寞在秋江上。"

〔莲花落〕,明清说唱艺术,旧时多为乞丐所唱,与凤阳花鼓相似,流传广泛,在扬州也曾流传。元杂剧《东堂老》中,有人教训扬州破落子弟云:"你抛撇了这丑妇家中宝,挑踢着美女家生哨。哎,儿也!这的是你白作下穷汉家私暴。只思量倚檀槽听唱一曲〔桂枝香〕,你少不的撒摇槌学打几句〔莲花落〕。"可见〔莲花落〕在当时的扬州已经存在,直至近代尚有传唱。

〔粉红莲〕,扬州清曲曲牌,后为扬剧吸纳。其经典唱词为:"小小仙鹤一点红,一翅飞在半空中。张生拿弹打,红娘来取弓,被莺莺小姐搂抱在怀中。张相公,张相公,人生何处不相逢?"

〔采莲调〕,扬州清曲曲牌,后为扬剧吸纳。其经典唱词为:"喜鹊站树头,对我叫不休。你又来报的什么喜?想必是叫的明天要过中秋。拿着桨来带着钩,阵阵喜气上心头。忙将莲船解了扣,轻轻划桨顺水流。荷叶向我招招手,莲蓬对我点点头。近处采呀远处钩,采采钩钩把李郎候。"

〔青荷叶上〕,扬州清曲传统曲目,用〔南调〕演唱。其渊源是冯梦龙〔挂枝儿·荷珠〕、颜自德〔霓裳续谱·荷叶上的水珠儿转〕、华广生〔白雪遗音·露水珠〕。韦人、韦明铧〔扬州清曲·青荷叶上〕词云:"〔南调〕青荷叶上露水珠儿现,痴心的人儿用手去拈。正欲拈,滚得一个都不见。可怜我这一片真心将你恋,你在这边拆散,却到那边团圆。啊呀呀!何苦将我来骗?我这热烫烫的心肠偏被你这冷冰冰的东西骗!"

八、扬州荷花产品

扬州宝应地区自20世纪70年代始,荷藕发展升温。到上世纪90年代湖荡滩涂开发,藕田连片,常年种植面积20多万亩,成为中国荷藕种植第一县。1998年,扬州宝应以其优美的自然环境,以射阳湖荷藕生产基地,以完整的产业链条和独特的荷藕文化被国家农业部命名为首批"中国荷藕之乡"。2004年7月,扬州"宝应荷藕"正式成为国家地理标志产品。

据专家考证,"荷"被称为"活化石",是起源最早的植物之一,它经受住了大自然演化的考验,在沼泽湖泊中顽强地生存下来,荷花的果实和根节,即莲子与莲藕,成为人们的生存食粮。扬州地区古为东海,后为江淮冲积平原,由于泥沙的逐年淤积,至秦汉以来逐步发育为古泻湖沼泽平原。境内泽国水乡,湖荡连片,土沃泥肥,水生植物丰厚,荷藕慈菇赋予扬州人生存之本。扬州宝应植藕早在唐朝已有文字记载,唐代诗人储嗣宗《宿范水》一诗云:"行人倦游宦,秋草宿湖边。露湿芙蓉渡,月明渔网船。寒机深竹里,远浪到门前。何处思乡甚?歌声闻采莲。"令人想象出当时莲叶接天,芙蓉映日,姑娘们一面采莲,一面唱歌的秀美的水乡风光。

这些年来,扬州人凭借资源、技术、品种、品牌等多种优势,在荷藕产业的市场竞争中领先一步,形成了种植、加工、外销的产业化链条,夺得了荷藕种植面积、荷藕产量、荷藕出口量三项全国第一。为使传统种植转变为现代农业产业,扬州人积极开发荷藕的深度加工,成为全国最大的荷藕产业化基

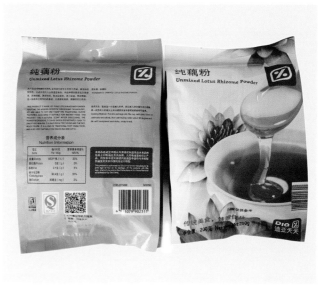

地，以华贵、荷仙、蓝宝石、天禾、得宝、新世纪、天成、金绿维、绿佳、绿扬、恒鑫、瘦之莲、绿荷等 65 家企业为龙头的荷藕加工企业群，其中 22 家有外贸出口权，年加工藕制品 15 万吨以上。现已形成荷叶茶、荷花茶、藕带、藕粉（分精制纯藕粉、桂花莲子藕粉、红枣莲子藕粉、速溶藕粉等）、莲子羹、莲藕汁、藕合、捶藕、香藕（糯米藕）、藕粉圆、水煮莲藕、保鲜莲藕、盐渍莲藕、调理莲藕、速冻莲藕、清香莲藕等十六大系列二百三十个品种的产品。

荷藕特色产品内销全国各地超市网点，外销日本、韩国、美国、欧洲及东南亚地区和市场，其中日本市场占外销出口量的 80% 以上。2015 年荷藕产业加工实现销售 11.6 亿元，实现外汇收入 8500多万美元。现拥有 68 件经国家、省、市批准的农产品商标和绿色食品称号。荷仙、华贵等企业已跻身国家级农业产业化重点龙头企业行列。以风车头、獐狮荡为核心的荷藕批发市场及 120 多家荷藕产销专业合作社，成为全国最大的荷藕集散地，年成交

量达到 15 万吨，畅销全国。

扬州部分荷藕特色产品简介：

1. 荷叶茶

荷叶茶具有许多药用价值，清香可口，健胃消食，利便防痔，降脂降压，以及调节人体代谢等功效。扬州瘦之莲食品有限公司"瘦脂莲"牌系列荷叶茶，精选了优质天然荷叶为原料，采用传统技术和精湛工艺，充分保留了荷叶、荷花中的有益成分。其茶天然保健，浓郁清香，回味悠长，瘦身延年，被世人誉为"茶中新贵"。现有荷叶茶产品类型：2g 小包装、50g 大包盒装、100g 大包袋装以及散装。

2. 纯藕粉

扬州特产手削纯藕粉洁如冰雪形似鹅毛，呈片状。生产历史悠久，早在明清"白莲藕粉"定为皇室贡品。扬州绿佳食品有限公司生产的"烟花三月"

牌精制藕粉、"荷圣"牌桂花莲子藕粉、红枣莲子藕粉选用扬州优质荷藕原料，采用民间手工刀削工艺和现代技术加工而成，保持了莲藕所特有的清香，晶莹剔透，入口淡雅，味甘爽滑，营养丰富，易消化吸收，是一种理想的休闲食品。现生产50g×2罐、50g×4罐精制藕粉礼品盒，25g×20包藕粉礼品盒。

3.速溶藕粉

"绿荷"牌速溶藕粉系扬州绿荷食品有限公司选用扬州优质荷藕原料，采用传统工艺和现代食品加工技术，适量掺配白砂糖、红枣、桂花、乳酸钙等成分生产成不同味感的速溶藕粉。其产品冲调后散发天然清香，质地细腻，速溶性快，即冲即食，消化吸收，老少皆宜，是一种天然佳品。现有30g×20包袋装礼品盒供应市场。

4.莲藕汁

"厚福"牌绿色饮品莲藕汁系扬州华贵食品有限公司开发的荷藕保健饮料，以国家出入境检验检疫局注册基地的新鲜莲藕为原料，采用先进的生产工艺、技术，不添加任何防腐剂，最大程度地保持了莲藕中原有有营养成分的药理功能。其产品富含人体必需的膳食纤维、蛋白质、维生素B、维生素C、胡萝卜素、氨基酸、钙、磷、铁等多种营养成分，具有清热除烦，止血散瘀之功；补心生血，健脾开胃之效。现生产240ml/罐×10罐、240ml/罐×12罐、240ml/罐×24罐三种规格的包装盒供应市场。"厚福"牌莲藕汁天然之品，清雅爽口，藕香纯正，冷热皆宜，是现代人生活不可多得的绿色健康饮品。

扬州正在进一步依托中国荷藕之乡的地位，引领扬州特色农业产业，全力打造全国荷藕有机产品基地，在传承中保护，保护中发展，和谐合力，不断丰富荷文化内涵，让荷藕产业更加繁荣，让荷藕品牌更加唱响！

第三篇

扬州荷介绍

荷（*Nelumbo nucifera*）又称莲、荷花、莲花、芙蕖、鞭蓉、水芙蓉、水芝、水芸、水旦、水华等，属于莲科（*Nelumbonaceae*）莲属（*Nelumbo*），多年生挺水草本双子叶植物，1985年5月荷花被评为中国十大名花之一。

莲属植物世界上仅2种，一种是中国莲（*Nelumbo nucifera*），另一种是美洲莲（*Nelumbo lutea*）。

也有园艺专著将里海流域及俄罗斯伏尔加河三角洲等地区分布的莲称为里海莲，将俄罗斯西伯利亚等地区分布的莲称为科马洛夫莲。所谓"里海莲"和"科马洛夫莲"，实际上属于植物学分类学中的莲（*Nelumbo nucifera*），但有的文献中分别用异名*Nelumbo caspica*和*Nelumbo komarovii*作为"里海莲"和"科马洛夫莲"拉丁语学名，检索相关文献时，使用这两个异名，也更容易获得相关信息资料。*Nelumbo caspica*和*Nelumbo komarovii*均为*Nelumbo nucifera*的异名，俄罗斯专家也认可这一点，他们之所以使用异名，并不表明他们将其视为莲属的另外的新种，他们的目的只是为了便于文献查找，表明俄罗斯莲的生态特殊型。

园艺学上，通常根据主要用途将荷分为三类，一是以采收莲的膨大根状茎为主的藕莲（也叫莲藕、菜藕、荷藕等），二是以采收莲子为主的子莲（也叫莲子），三是以观花为主的花莲。全世界约有1400~1500个品种，中国是世界上荷品种最丰富的国家，约有1200~1300个品种，扬州主要栽培的荷花以花莲和藕莲为主有600多个品种。

下面将扬州主要栽培的136个花莲品种按株型、立叶、叶径、花柄、花期、着花密度、花蕾、花型、花瓣、花径、花态、花色等分别进行介绍。

扬州主要栽培荷花花莲品种目录编制方法源自张行言、陈龙清主编的《中国荷花新品种图志Ⅰ》（中国林业出版社，2011年7月第1版）。每一个品种编号采用6位数字编码排列组成。前4位数字分别代表生态型、种源、株型和花型，后2位数字为品种名称序号，中间用"–"分开。第一位数字的"1、2"分别代表"温带型、热带型"，第二位数字的"1、2、3"分别代表"中国莲、美国莲和中美杂种莲"，第三位数字的"1、2"分别代表"大株型、中小株型"，第4位数字的"1、2、3、4、5"分别代表"少瓣型、半重瓣型、重瓣型、重台型和千瓣型"。如'喜相逢'属温带型、中国莲、中小株型、少瓣型品种，排序01，编号为"1121–01"。

下文所列1号缸、2号缸、3号盆直径分别为62厘米、49厘米、25厘米。

一、大株少瓣莲品种群
Group of Large Plant with Few-Petalled Flower

1 青菱红莲（1111-01）
Nelumbo nucifera 'Qingling Red Lotus'

体型：大株型，植于 1 号缸中。

立叶：高 81（45~91）cm。

叶径：46（40~50）cm×37（33~42）cm。

花柄：99（88~110）cm。

花期：晚，7 月 7 日始花，群体花期较长，为 22 天。

着花密度：较多，单缸可开花 5 朵。

花蕾：长桃形，紫红色。

花型：少瓣型，瓣数 16（15~17）枚。

花瓣：较宽大，长 10.3 cm，宽 7.1 cm。

花径：26（25~28）cm。

花态：碗状。

花色：紫色。

2 玄武红莲（1111-02）

Nelumbo nucifera 'Xuanwu Red Lotus'

体型：大株型，植于1号缸中。

立叶：高82（63~100）cm。

叶径：45（35~51）cm×39（33~40）cm。

花柄：105（92~120）cm。

花期：晚，7月16日始花，群体花期较长，为17天。

着花密度：稀少，单缸开花4朵。

花蕾：长桃形，紫红色。

花型：少瓣型，瓣数15枚。

花瓣：长8cm，宽5cm。

花径：22（16~28）cm。

花态：碟状。

花色：呈淡堇紫色。

3 孙文莲（1111-03）

Nelumbo nucifera 'Sunyatesn Lotus'

体型：大株型,植于 1 号缸中。

立叶：高 83（80~85）cm。

叶径：43（37~44）cm × 36（30~37）cm。

花柄：95（86~123）cm。

花期：较晚,6 月 25 日始花,群体花期短,为 13 天。

着花密度：稀少,单缸开花 4 朵。

花蕾：长桃形,紫红色。

花型：少瓣型,瓣数 20（18~21）枚。

花瓣：长 11.7 cm,宽 7.3 cm。

花径：21（20~22）cm。

花态：呈碗状。

花色：淡堇紫色。

4 姬妃莲（1111-04）

Nelumbo nucifera 'Prince's Favorite'

体型：大株型,植于 1 号缸中。

立叶：高 32（23~43）cm。

叶径：21（18~25）cm × 17（14~22）cm。

花柄：66（56~74）cm。

花期：较晚,6 月 24 日始花,群体花期长,为 35 天。

着花密度：较密,单缸开花 5 朵。

花蕾：桃形,紫红色。

花型：少瓣型,瓣数 18（15~19）枚。

花瓣：长 9.3 cm,宽 5.5 cm。

花径：17（12~22）cm。

花态：碗状。

花色：淡红紫色。

5 红映朱帘（1111-05）
Nelumbo nucifera 'Red Screen'

体型：大株型，植于1号缸中。

立叶：高59（46~66）cm。

叶径：41（35~47）cm×34（29~39）cm。

花柄：83（72~100）cm。

花期：较早，6月12日始花，群体花期长，为32天。

着花密度：较少，单缸开花4朵。

花蕾：长桃形，紫红色。

花型：少瓣型，瓣数15（15~16）枚。

花瓣：长10cm，宽6.5cm。

花径：20（19~21）cm。

花态：盛开时为碗状。

花色：淡菫紫色。

6 中日友谊莲（1111-06）
Nelumbo nucifera 'Sino-Japanese Friendship Lotus'

体型：大株型，植于 1 号缸中。

立叶：高 64（41~83）cm。

叶径：28（19~37）cm × 22（19~30）cm。

花柄：85（35~122）cm。

花期：较早，6 月 18 日始花，群体花期长，为 45 天。

着花密度：繁密，单缸开花 16 朵。

花蕾：长桃形，玫瑰红色。

花型：少瓣型，瓣数 15（14~16）枚。

花瓣：长 7 cm，宽 4 cm。

花径：18（15~20）cm。

花态：碗状。

花色：淡堇紫色。

7 微山红莲（1111-07）
Nelumbo nucifera 'Weishan Red Lotus'

体型：大株型，野生于湖中。

立叶：高 60（50~70）cm。

叶径：56（52~58）cm × 54（50~56）cm。

花柄：78（62~81）cm。

花期：较晚，6 月 25 日始花，群体花期长，为 60 天。

着花密度：密。

花蕾：长桃形，紫红色。

花型：少瓣型，瓣数 17（15~18）枚。

花瓣：长 12 cm，宽 7.3 cm。

花径：25（24~26）cm。

花态：碗状。

花色：浅堇紫色。

8 东湖红莲（1111-08）
Nelumbo nucifera 'East-lake Pink'

体型：大株型,植于 1 号缸中。

立叶：高 54（32~83）cm。

叶径：39（29~49）cm × 32（23~42）cm。

花柄：高 85（51~121）cm。

花期：较早,6 月 16 日始花,群体花期长,为 63 天。

着花密度：繁密,单缸开花 11 朵。

花蕾：长桃形,桃红色。

花型：少瓣型,瓣数 14（13~16）枚。

花瓣：长 10.9 cm,宽 6.5 cm。

花径：20（14~25）cm。

花态：碟状。

花色：极淡至淡紫堇色。

9 绍兴红莲（1111-09）
Nelumbo nucifera 'Shaoxing Pink'

体型： 大株型，植于 1 号缸中。

立叶： 高 68（38~110）cm。

叶径： 39（26~54）cm×32（22~45）cm。

花柄： 98（48~128）cm。

花期： 较早，6 月 11 日始花，群体花期较长，为 22 天。

着花密度： 较紧密，单缸开花 8 朵。

花蕾： 桃形，玫瑰红色。

花型： 少瓣型，瓣数 16（15~17）枚。

花瓣： 长 11.4 cm，宽 7.1 cm。

花径： 20（14~23）cm。

花态： 碗状。

花色： 极淡至淡堇紫色。

10 粉红莲（1111-10）
Nelumbo nucifera 'Pink Lotus'

体型：大株型,植于1号缸中。

立叶：高54（36~73）cm。

叶径：36（20~45）×31（16~38）cm。

花柄：77（58~97）cm。

花期：早,6月4日始花,群体花期较长,为23天。

着花密度：繁密,单缸开花9朵。

花蕾：桃形,玫瑰红色。

花型：少瓣型,瓣数16（16~18）枚。

花瓣：长12cm,宽10cm。

花径：18（15~21）cm。

花态：碗状。

花色：极淡至淡紫堇色。

11 太空莲 3 号 （1111-11）
Nelumbo nucifera 'Outer Space Lotus No.3'

体型：大株型，植于 2 号缸中。

立叶：高 54（53~54）cm。

叶径：38（35~40）× 33（29~37）cm。

花柄：高 64（64~64）cm。

花期：较早，6 月 11 日始花，群体花期短，为 6 天。

着花密度：稀少，单缸开花 2 朵。

花蕾：长桃形，粉色。

花型：少瓣型，瓣数 17（16~18）枚。

花瓣：长 9.5 cm，宽 5.5 cm。

花径：20（16~24）cm。

花态：碗状。

花色：极淡至淡堇紫色。

12 勇士 (1111-12)
Nelumbo nucifera 'Brave Man'

体型: 大株型, 植于 3 m² 池中。

立叶: 高 79 (74~85) cm。

叶径: 43 (40~46) × 35 (30~36) cm。

花柄: 高 100 (90~111) cm。

花期: 早, 6 月 10 日始花, 群体花期长, 为 55 天。

着花密度: 繁密。

花蕾: 长桃形, 绿色。

花型: 少瓣型, 瓣数 16 (15~18) 枚。

花瓣: 长 13 cm, 宽 8.5 cm。

花径: 26 (22~29) cm。

花态: 碗状。

花色: 白色。

13 舒广袖（1111-13）
Nelumbo nucifera 'Spread Out Sleeve'

体型：大株型，植于 2 号缸中。
立叶：高 58（54~61）cm。
叶径：34（28~40）× 31（23~38）cm。
花柄：高 82（75~88）cm。
花期：较早，6 月 14 日始花，群体花期较长，为 23 天。
着花密度：较密，单缸开花 7 朵。

花蕾：长桃形，粉白色。
花型：少瓣型，瓣数 18（17~19）枚。
花瓣：长 10.9 cm，宽 6 cm。
花径：22（20~23）cm。
花态：碗状。
花色：爪红，花瓣白色，尖部淡堇紫色。

二、大株重瓣类莲品种群
Group of Large Plant with Double-Petalled Flower

14 　**春不老**（1113-01）
Nelumbo nucifera 'Continual Spring'

体型：大株型，植于1号缸中。

立叶：高31（18~48）cm。

叶径：24（18~28）cm×19（14~21）cm。

花柄：67（50~92）cm。

花期：早，6月10始花，群体花期长，为35天。

着花密度：稀少，单缸开花4朵。

花蕾：桃形，紫红色。

花型：重瓣型，瓣数91（84~98）枚。

花瓣：长11cm，宽7.3cm。

花径：16（12~19）cm。

花态：碗状。

花色：淡堇紫色。

15 状元红（1113-02）
Nelumbo nucifera 'No.1 Examination Red'

体型：大株型,植于2号缸中。

立叶：高89（80~97）cm。

叶径：36（29~42）cm×29（24~33）cm。

花柄：高103（91~113）cm。

花期：晚,7月11始花,群体花期较长,为27天。

着花密度：较密,单缸开花6朵。

花蕾：桃形,紫色。

花型：重瓣型,瓣数99（82~115）枚。

花瓣：长10.3cm,宽6.4cm。

花径：16（15~18）cm。

花态：碗状。

花色：淡堇紫色。

078

16 粉千叶（1113-03）
Nelumbo nucifera 'Pink Thousands Petals'

体型：大株型,植于 2 号缸中。

立叶：高 40（33~52）cm。

叶径：26（20~35）cm×21（16~28）cm。

花柄：高 76（57~90）cm。

花期：较早,6 月 13 始花,群体花期长,为 36 天。

着花密度：较繁密,单缸开花 5 朵。

花蕾：桃形,浅玫瑰红色。

花型：重瓣型,瓣数 103（74~126）枚。

花瓣：长 9 cm,宽 5.8 cm。

花径：17（16~18）cm。

花态：碗状。

花色：极淡堇紫色。

17 蓉娇（1113-04）
Nelumbo nucifera 'Chengdu Graceful'

体型：大株型,植于 1 号缸中。

立叶：高 37（33~44）cm。

叶径：27（18~36）cm×23（14~28）cm。

花柄：62（40~79）cm。

花期：早,6 月 8 始花,群体花期长,为 30 天。

着花密度：较繁密,单缸开花 6 朵。

花蕾：桃形,玫瑰红色。

花型：重瓣型,瓣数 116（101~125）枚。

花瓣：长 8.2 cm,宽 5.6 cm。

花径：15（11~17）cm。

花态：碗状。

花色：极淡至淡紫色。

18 嵊县碧莲（1113-05）
Nelumbo nucifera 'Shenxian Green'

体型：大株型,植于 1 号缸中。

立叶：高 45（35~54）cm。

叶径：32（20~42）cm × 24（18~40）cm。

花柄：71（54~79）cm。

花期：较早,6 月 13 始花,群体花期长,达 53 天。

着花密度：繁密,单缸开花 9 朵。

花蕾：桃形,绿色。

花型：重瓣型,瓣数 88（75~112）枚。

花瓣：长 8.2 cm,宽 4.8 cm。

花径：16（14~18）cm。

花态：碗状。

花色：白色。

19 重瓣一丈青（1113-06）
Nelumbo nucifera 'Double Long-petalled White'

体型：大株型,植于 1 号缸中。

立叶：高 61（41~89）cm。

叶径：41（34~47）cm × 32（30~34）cm。

花柄：81（52~107）cm。

花期：早,6 月 8 始花,群体花期长,为 54 天。

着花密度：繁密,单缸开花 13 朵。

花蕾：桃形,绿色。

花型：重瓣型,瓣数 102（89~126）枚。

花瓣：长 9 cm,宽 6.2 cm。

花径：18（15~23）cm。

花态：碗状。

花色：白色。

三、大株千瓣莲品种群
Group of Large Plant with All-Petalled Flower

20 千瓣莲（1115-01）
Nelumbo nucifera 'Thousands Petals'

体型：大株型，植于 1 号缸中。

立叶：高 92（85~117）cm。

叶径：44（35~58）cm × 37（33~53）cm。

花柄：高 80（65~105）cm，常低于立叶。

花期：极晚，8 月 4 日始花，群体花期长，为 34 天。

着花密度：较密，单缸开花 6 朵。

花蕾：长桃形，玫瑰红色。

花型：千瓣型，瓣数 1864（1690~2027）枚。

花瓣：长 11.6 cm，宽 5.7 cm。

花径：21（20~23）cm。

花态：杯状。

花色：极淡至淡堇紫色。

四、中小株少瓣莲品种群
Group of Medium-Small Plant with Few-Petalled Flower

21 喜相逢（1121-01）
Nelumbo nucifera 'Joy of Meeting Each Other'

体型：中、小株型，植于 1 号缸中。

立叶：高 50（29~84）cm。

叶径：26（19~35）cm×21（16~29）cm。

花柄：70（40~120）cm。

花期：较晚，6 月 28 日始花，群体花期长，为 58 天。

着花密度：繁密，单缸开花 12 朵。

花蕾：长桃形，玫瑰红色。

花型：少瓣型，瓣数 18（17~18）枚。

花瓣：长 8.5 cm，宽 5.8 cm。

花径：15（10~19）cm。

花态：碗状。

花色：淡红紫色。

22 一点红（1121-02）
Nelumbo nucifera 'Red Spot'

体型：中、小株型，植于 1 号缸中。

立叶：高 43（27~57）cm。

叶径：36（23~46）cm×29（18~37）cm。

花柄：62（38~90）cm。

花期：早，6 月 7 日始花，群体花期长，达 75 天。

着花密度：繁密，单缸开花 12 朵。

花蕾：桃形，紫红色。

花型：少瓣型，瓣数 19（17~24）枚。

花瓣：长 9.7 cm，宽 7 cm。

花径：19（17~24）cm。

花态：碗状。

花色：淡堇紫色。

23 红霞（1121-03）
Nelumbo nucifera 'Red Morning Cloud'

体型：中、小株型，植于 1 号缸中。

立叶：高 37（21～53）cm。

叶径：24（14～33）cm×21（12～28）cm。

花柄：45（30～76）cm。

花期：早，6 月 6 日始花，群体花期长，达 88 天。

着花密度：繁密，单缸开花 18 朵。

花蕾：桃形，紫红色。

花型：少瓣型，瓣数 20（18～25）枚。

花瓣：长 7.4 cm，宽 4.2 cm。

花径：12（10～20）cm。

花态：碗状。

花色：淡堇紫色。

24 玛瑙红（1121-04）
Nelumbo nucifera 'Agate Red'

体型：中、小株型，植于 1 号缸中。

立叶：高 20（12～28）cm。

叶径：24（18～30）cm×20（13～25）cm。

花柄：33（15～41）cm。

花期：早，6 月 2 日始花，群体花期较长，为 27 天。

着花密度：较密，单缸开花 5 朵。

花蕾：桃形，紫红色。

花型：少瓣型，瓣数 18（16～19）枚。

花瓣：长 7.6 cm，宽 4.8 cm。

花径：14（13～15）cm。

花态：碗状。

花色：堇紫色。

25 红鹤（1121-05）
Nelumbo nucifera 'Red Crane'

体型：中、小株型，植于 2 号缸中。

立叶：高 26（11~46）cm。

叶径：22（19~27）cm×19（13~23）cm。

花柄：49（28~68）cm。

花期：早，6 月 5 日始花，群体花期长，为 64 天。

着花密度：繁密，单缸开花 20 朵。

花蕾：桃形，紫色。

花型：少瓣型，瓣数 14（12~17）枚。

花瓣：长 9.5 cm，宽 5 cm。

花径：15（13~18）cm。

花态：碗状。

花色：紫堇色。

26 火花（1121-06）
Nelumbo nucifera 'Sparks'

体型：中、小株型，植于 3 号盆中。

立叶：高 23（19~28）cm。

叶径：16（15~18）cm×14（13~14）cm。

花柄：31（20~39）cm。

花期：较晚，6 月 25 日始花，群体花期较长，为 26 天。

着花密度：繁密，单缸开花 8 朵。

花蕾：桃形，紫红色。

花型：少瓣型，瓣数 18（17~20）枚。

花瓣：长 6.7 cm，宽 4.1 cm。

花径：8（7~9）cm。

花态：碗状。

花色：淡堇紫色。

27 小寿星（1121-07）
Nelumbo nucifera 'Small Longevity Star'

体型：中、小株型，植于 3 号盆中。

立叶：高 19（18~20）cm。

叶径：23（21~24）cm × 18（16~19）cm。

花柄：32（21~39）cm。

花期：较早，6 月 15 日始花，群体花期短，为 12 天。

着花密度：较繁密，单盆开花 3 朵。

花蕾：桃形，玫瑰红色。

花型：少瓣型，瓣数 19（17~22）枚。

花瓣：长 6.8 cm，宽 4.5 cm。

花径：11（10~12）cm。

花态：碗状。

花色：淡堇紫色。

28 小佛手（1121-08）
Nelumbo nucifera 'Small Buddha's Hand'

体型：中、小株型，植于 3 号盆中。

立叶：高 16（11~21）cm。

叶径：14（13~15）cm × 11（10~16）cm。

花柄：16（8~29）cm。

花期：较早，6 月 18 日始花，群体花期较短，为 18 天。

着花密度：繁密，单缸开花 8 朵。

花蕾：长桃形，紫红色。

花型：少瓣型，瓣数 18（15~22）枚。

花瓣：长 4.0 cm，宽 2.8 cm。

花径：7（4~10）cm。

花态：杯状。

花色：淡堇紫色。

29 赛玫瑰（1121-09）
Nelumbo nucifera 'Surpassing Rose'

体型：中、小株型，植于 2 号花缸中。

立叶：高 18（13～22）cm。

叶径：20（13～26）cm×14（8～19）cm。

花柄：35（23～51）cm。

花期：早，6 月 10 日始花，群体花期长，达 84 天。

着花密度：稀少，单缸开花 4 朵。

花蕾：桃形，玫瑰红色。

花型：少瓣型，瓣数 17（16～18）枚。

花瓣：长 7 cm，宽 5 cm。

花径：13（12～14）cm。

花态：碗状。

花色：极淡至淡堇紫色。

30 童羞面（1121-10）
Nelumbo nucifera 'Shy Face of Child'

体型：中、小株型，植于 3 号盆中。

立叶：高 18（10～30）cm。

叶径：16（11～20）cm × 12（9～17）cm。

花柄：20（7～32）cm。

花期：早，6 月 6 日始花，群体花期长，为 83 天。

着花密度：繁密，单盆开花 14 朵。

花蕾：桃形，桃红色。

花型：少瓣型，瓣数 13（10～16）枚。

花瓣：长 6.8 cm，宽 3.6 cm。

花径：8（6～12）cm。

花态：碗状。

花色：极淡至淡堇紫色。

31 喜上眉梢（1121-11）
Nelumbo nucifera 'Joyful Eye'

体型：中、小株型，植于 3 号盆中。

立叶：高 22（14~25）cm。

叶径：17（13~20）cm×14（11~17）cm。

花柄：35（28~39）cm。

花期：较早，6 月 20 日始花，群体花期较长，为 24 天。

着花密度：繁密，单盆开花 5 朵。

花蕾：桃形，玫瑰红色。

花型：少瓣型，瓣数 15（14~16）枚。

花瓣：长 4.5 cm，宽 3 cm。

花径：8（6~10）cm。

花态：碗状。

花色：极淡至淡堇紫色，瓣端色较深。

32 友谊红 3 号（1121-12）
Nelumbo nucifera 'Friendship Pink No.3'

体型：中、小株型，植于 3 号盆中。

立叶：高 24（22~25）cm。

叶径：18（17~19）cm×16（15~18）cm。

花柄：高 40（31~48）cm。

花期：晚，7 月 22 日始花，群体花期短，为 15 天。

着花密度：较繁密，单盆开花 3 朵。

花蕾：桃形，玫瑰红色。

花型：少瓣型，瓣数 19（17~21）枚。

花瓣：长 5.3 cm，宽 3 cm。

花径：10（8~12）cm。

花态：碗状。

花色：极淡至淡紫色。

33 娇容碗莲（1121-13）
Nelumbo nucifera 'Beautiful Bowl'

体型：中、小株型，植于 3 号盆中。

立叶：高 20（14~26）cm。

叶径：18（14~21）cm×15（11~18）cm。

花柄：高 28（24~34）cm。

花期：较早，6 月 16 日始花，群体花期较短，为 16 天。

着花密度：较繁密，单盆开花 3 朵。

花蕾：桃形，玫瑰红色。

花型：少瓣型，瓣数 15（14~16）枚。

花瓣：长 6.8 cm，宽 4.3 cm。

花径：10（9~11）cm。

花态：碗状。

花色：极淡至淡堇紫色。

34 白君子莲（1121-14）
Nelumbo nucifera 'White Gentleman'

体型：中、小株型，植于 1 号缸中。

立叶：高 30（17~38）cm。

叶径：23（18~26）cm × 19（16~23）cm。

花柄：37（16~58）cm。

花期：较早，6 月 20 日始花，群体花期长，为 54 天。

着花密度：繁密，单盆开花 16 朵。

花蕾：长桃形，绿色。

花型：少瓣型，瓣数 15（13~16）枚。

花瓣：长 9.3 cm，宽 5.1 cm。

花径：17（14~21）cm。

花态：杯状。

花色：白色。

35 厦门碗莲（1121-15）
Nelumbo nucifera 'Xiamen Bowl'

体型：中、小株型，植于 3 号盆中。

立叶：高 20（4~29）cm。

叶径：16（8~24）cm × 12（6~17）cm。

花柄：20（5~30）cm。

花期：早，6 月 3 日始花，群体花期长，为 35 天。

着花密度：繁密，单盆开花多达 10 朵。

花蕾：长桃形，绿色，尖端红色。

花型：少瓣型，瓣数 15（13~16）枚。

花瓣：长 5.2 cm，宽 2.4 cm。

花径：8（6~12）cm。

花态：杯状。

花色：白色，初开时尖端微红。

36 娃娃莲（1121-16）
Nelumbo nucifera 'Children Lotus'

体型：中、小株型，植于3号盆中。

立叶：高17（12~38）cm。

叶径：15（13~21）cm×11（9~18）cm。

花柄：15（10~54）cm。

花期：早，6月7日始花，群体花期较长，为30天。

着花密度：繁密，单盆开花6朵。

花蕾：桃形，绿色，尖端红色。

花型：少瓣型，瓣数15（14~16）枚。

花瓣：长5.4cm，宽3cm。

花径：9（6~12）cm。

花态：碗状。

花色：白色。初开瓣尖端略红。

37 迎宾芙蓉（1121-17）
Nelumbo nucifera 'Welcoming Guests'

体型：中、小株型，植于3号盆中。

立叶：高12（6~18）cm。

叶径：10（8~13）cm×7（7~10）cm。

花柄：15（10~33）cm。

花期：较早，6月19日始花，群体花期长，为38天。

着花密度：繁密，单盆开花8朵。

花蕾：长桃形，玫瑰红色。

花型：少瓣型，瓣数14（12~19）枚。

花瓣：长5.2cm，宽2.7cm。

花径：7（3~10）cm。

花态：杯状。

花色：白色，瓣尖极淡紫堇色。

38 香山莲（1121-18）
Nelumbo nucifera 'Xiangshan Lotus'

体型：中、小株型，植于 3 号盆中。

立叶：高 17（10~30）cm。

叶径：19（12~27）cm×16（10~22）cm。

花柄：36（11~48）cm。

花期：较早，6 月 16 日始花，群体花期长，为 32 天。

着花密度：繁密，单盆开花 6 朵。

花蕾：桃形，绿色。

花型：少瓣型，瓣数 20（14~34）枚。

花瓣：长 6.4 cm，宽 3.8 cm。

花径：7（6~8）cm。

花态：碗状。

花色：白色，瓣端红晕。

39 红边玉碟（1121-19）
Nelumbo nucifera 'Red-edged Jade-plate'

体型：中、小株型，植于 2 号缸中。

立叶：高 35（33~36）cm。

叶径：24（22~25）cm×19（18~20）cm。

花柄：54（48~59）cm。

花期：晚，7 月 18 日始花，群体花期短，仅 10 天。

着花密度：稀少，单缸开花 3 朵。

花蕾：长桃形，玫瑰红色。

花型：少瓣型，瓣数 17（16~17）枚。

花瓣：长 8 cm，宽 5.7 cm。

花径：13（11~14）cm。

花态：碟状。

花色：白色，花瓣尖端及边缘为玫瑰红色。

40 楚天祥云（1121-20）
Nelumbo nucifera 'Lucky Clouds of Hubei'

体型：中、小株型，植于 1 号缸中。

立叶：高 53（35~80）cm。

叶径：37（28~44）cm×31（22~37）cm。

花柄：78（37~110）cm。

花期：较早，6 月 11 日始花，群体花期长，为 53 天。

着花密度：繁密，单缸开花 10 朵。

花蕾：长桃形，浅玫瑰红色。

花型：少瓣型，瓣数 20（19~21）枚。

花瓣：长 11.1 cm，宽 6.1 cm。

花径：18（12~22）cm。

花态：碗状。

花色：白色，瓣尖呈淡红色。

41 霞光染指（1121-21）

Nelumbo nucifera 'Shining Sunglow'

体型：中、小株型，植于 3 号盆中。

立叶：高 15（10~22）cm。

叶径：14（9~20）cm×11（8~17）cm。

花柄：22（17~28）cm。

花期：较晚，6 月 23 日始花，群体花期长，为 48 天。

着花密度：繁密，单盆开花 10 朵。

花蕾：桃形，玫瑰红色。

花型：少瓣型，瓣数 20（15~22）枚。

花瓣：长 5.4cm，宽 3.2cm。

花径：9（7~12）cm。

花态：碗状。

花色：极淡紫堇色，瓣尖颜色较深。

五、中小株半重瓣莲品种群
Group of Medium-Small Plant with Semidouble-Petalled Flower

42 案头春（1122-01）
Nelumbo nucifera 'Spring at Desk'

体型：中、小株型，植于 3 号盆中。

立叶：高 17（12~30）cm。

叶径：12（7~16）cm×10（6~13）cm。

花柄：28（17~44）cm。

花期：较晚，6 月 25 日始花，群体花期长，为 46 天。

着花密度：繁密，单盆开花 7 朵。

花蕾：桃形，紫红色。

花型：半重瓣型，瓣数 27（26~29）枚。

花瓣：短小，长 4.7 cm，宽 3.8 cm。

花径：7（6~7）cm。

花态：碗状。

花色：淡紫色。

43 鼓浪小红 （1122-02）
Nelumbo nucifera 'Gulang Little Red'

体型：中、小株型，植于 3 号盆中。

立叶：高 10（5~12）cm。

叶径：12（9~15）cm×10（6~12）cm。

花柄：14（10~19）cm。

花期：早，6 月 5 日始花，群体花期较长，为 20 天。

着花密度：较繁密，单盆开花 3 朵。

花蕾：桃形，紫红色。

花型：半重瓣型，瓣数 21（20~23）枚。

花瓣：长 5.6 cm，宽 2.7 cm。

花径：8（7~10）cm。

花态：碗状。

花色：淡紫堇色。

44 红娃莲（1122-03）
Nelumbo nucifera 'Red Children'

体型：中、小株型，植于 3 号盆中。

立叶：高 17（8~24）cm。

叶径：15（13~17）cm×11（9~14）cm。

花柄：23（17~35）cm。

花期：早，6 月 10 日始花，群体花期长，为 92 天。

着花密度：繁密，单盆开花 5 朵。

花蕾：桃形，紫红色。

花型：半重瓣型，瓣数 23（20~28）枚。

花瓣：长 5.4 cm，宽 3.5 cm。

花径：8（7~9）cm。

花态：碗状。

花色：淡堇紫色。

45 华灯初上（1122-04）
Nelumbo nucifera 'Decorated Lantern'

体型：中、小株型,植于3号盆中。

立叶：高15（12~18）cm。

叶径：13（10~18）cm×11（9~15）cm。

花柄：26（9~35）cm。

花期：较早,6月15日始花,群体花期长,为32天。

着花密度：较繁密,单盆开花4朵。

花蕾：桃形,紫红色。

花型：半重瓣型,瓣数23（18~29）枚。

花瓣：长5.3cm,宽3.3cm。

花径：9（8~11）cm。

花态：碗状。

花色：淡紫色。

46 恋夏（1122-05）
Nelumbo nucifera 'Summer Yearning'

体型：中、小株型,植于3号盆中。

立叶：高25（17~33）cm。

叶径：13（11~15）cm×10（7~12）cm。

花柄：29（27~33）cm。

花期：较早,6月15日始花,群体花期较长,为22天。

着花密度：繁密,单盆开花5朵。

花蕾：桃形,紫红色。

花型：半重瓣型,瓣数31（28~35）枚。

花瓣：长4.5cm,宽3.1cm。

花径：8（7~9）cm。

花态：碟状。

花色：堇紫色。

47 泽畔芙蓉（1122-06）
Nelumbo nucifera 'Pond Side Lotus'

体型：中、小株型，植于1号缸中。

立叶：高40（30~50）cm。

叶径：20（14~34）cm×16（9~29）cm。

花柄：58（55~61）cm。

花期：早，6月9日始花，群体花期长，为67天。

着花密度：较繁密，单缸开花7朵。

花蕾：桃形，淡玫瑰红色。

花型：半重瓣型，瓣数34（30~41）枚。

花瓣：长5.3cm，宽3.3cm。

花径：12（11~13）cm。

花态：碗状。

花色：极淡至淡堇紫色。

48 烛光（1122-07）
Nelumbo nucifera 'Candle Light'

体型：中、小株型，植于2号缸中。

立叶：高46（26~56）cm。

叶径：16（15~20）cm×13（8~16）cm。

花柄：高53（42~60）cm。

花期：早，6月3日始花，群体花期长，为61天。

着花密度：繁密，单缸开花31朵。

花蕾：桃形，粉红色。

花型：半重瓣型，瓣数35（27~46）枚。

花瓣：长6.4cm，宽2.8cm。

花径：11（8~12）cm。

花态：飞舞状。

花色：极淡堇紫色。

49 **粉碗莲**（1122-08）

Nelumbo nucifera 'Pink Bowl'

体型：中、小株型，植于 3 号盆中。

立叶：高 22（12~35）cm。

叶径：15（10~21）cm × 12（9~17）cm。

花柄：24（21~32）cm。

花期：较晚，6 月 28 日始花，群体花期长，可达 58 天。

着花密度：繁密，单盆开花 7 朵。

花蕾：桃形，玫瑰红色。

花型：半重瓣型，瓣数 30（28~37）枚。

花瓣：长 6.4 cm，宽 3.2 cm。

花径：8（5~9）cm。

花态：碗状。

花色：极淡至淡紫色。

50 友谊红 2 号（1122-09）
Nelumbo nucifera 'Friendship Pink No.2'

体型：中、小株型，植于 3 号盆中。
立叶：高 18（13~23）cm。
叶径：17（14~19）cm×13（12~13）cm。
花柄：30（23~39）cm。
花期：早，6 月 8 日始花，群体花期长，为 40 天。
着花密度：较繁密，单盆开花 4 朵。
花蕾：桃形，玫瑰红色。
花型：半重瓣型，瓣数 27（20~39）枚。
花瓣：长 6 cm，宽 3.6 cm。
花径：10（8~12）cm。
花态：碗状。
花色：极淡至淡紫色。

51 春望（1122-10）
Nelumbo nucifera 'Spring Hope'

体型：中、小株型，植于 3 号盆中。
立叶：高 23（12~28）cm。
叶径：13（11~16）cm×9（6~11）cm。
花柄：28（18~33）cm。
花期：早，6 月 10 日始花，群体花期长，为 45 天。
着花密度：繁密，单盆开花 10 朵。
花蕾：长桃形，玫瑰红色。
花型：半重瓣型，瓣数 34（24~37）枚。
花瓣：长 7.0 cm，宽 2.5 cm。
花径：8（6~9）cm。
花态：碗状。
花色：极淡至淡堇紫色。

52 白云碗莲（1122-11）

Nelumbo nucifera 'White Cloud Bowl'

体型：中、小株型，植于 3 号盆中。

立叶：高 23（18~25）cm。

叶径：16（14~18）cm×13（11~15）cm。

花柄：40（34~44）cm。

花期：较晚，6 月 24 日始花，群体花期较长，为 20 天。

着花密度：较繁密，单盆开花 3 朵。

花蕾：桃形，绿色，上部红色。

花型：半重瓣型，瓣数 40（34~44）枚。

花瓣：长 5.7 cm，宽 2.5 cm。

花径：9（7~11）cm。

花态：杯状。

花色：白色，尖端玫瑰红色。

53 一捧雪（1122-12）
Nelumbo nucifera 'A Double Handful Snow'

体型：中、小株型，植于 3 号盆中。

立叶：高 26（20~30）cm。

叶径：14（12~16）cm × 10（7~11）cm。

花柄：35（25~40）cm。

花期：较晚，6 月 21 日始花，群体花期长，为 31 天。

着花密度：繁密，单盆开花 9 朵。

花蕾：桃形，粉红色。

花型：半重瓣型，瓣数 31（23~40）枚。

花瓣：长 5.5 cm，宽 1.7 cm。

花径：10（7~14）cm。

花态：碗状。

花色：白色，带极淡堇紫色晕。

54 小羚羊（1122-13）
Nelumbo nucifera 'Little Antelope'

体型：中、小株型，植于 3 号盆中。

立叶：高 18（13~33）cm。

叶径：22（13~26）cm × 17（10~22）cm。

花柄：32（20~47）cm。

花期：晚，7 月 3 日始花，群体花期长，为 33 天。

着花密度：繁密，单盆开花 11 朵。

花蕾：桃形，绿色。

花型：半重瓣型，瓣数 46（42~48）枚。

花瓣：长 7.4 cm，宽 4.7 cm。

花径：12（10~16）cm。

花态：碗状。

花色：白色，基部淡黄色。

55 丹鹤（1122-14）
Nelumbo nucifera 'Red Crested Crane'

体型：中、小株型，植于 3 号盆中。

立叶：高 28（18~34）cm。

叶径：12（11~13）cm×10（9~10）cm。

花柄：高 34（17~42）cm。

花期：较晚，6 月 24 日始花，群体花期长，为 39 天。

着花密度：繁密，单盆开花 6 朵。

花蕾：桃形，玫瑰红色。

花型：半重瓣型，瓣数 28（27~29）枚。

花瓣：长 4.3 cm，宽 2.5 cm。

花径：8（8~8）cm。

花态：碟状。

花色：白色，瓣边、瓣尖为淡堇紫色晕。

六、中小株重瓣莲品种群
Group of Medium-Small Plant with Double-Petalled Flower

56 晓霞（1123-01）
Nelumbo nucifera 'Rosy Dawn Light'

体型：中、小株型，植于 2 号缸中。
立叶：高 27（12~45）cm。
叶径：24（19~26）cm×18（12~20）cm。
花柄：高 34（16~56）cm。
花期：早，6 月 6 日始花，群体花期长，为 79 天。
着花密度：繁密，单缸开花 14 朵。
花蕾：圆桃形，紫红色。
花型：重瓣型，瓣数 88（81~92）枚。
花瓣：长 7 cm，宽 5 cm。
花径：14（8~18）cm。
花态：碗状。
花色：淡堇紫色。

57 桃红宿雨（1123-02）
Nelumbo nucifera 'Peach With Raindrops'

体型：中、小株型，植于 1 号缸中。
立叶：高 23（18~32）cm。
叶径：20（13~26）cm×17（10~22）cm。
花柄：高 35（10~58）cm。
花期：早，6 月 8 日始花，群体花期长，为 34 天。
着花密度：繁密，单缸开花 20 朵。
花蕾：圆桃形，紫红色。
花型：重瓣型，瓣数 70（63~85）枚。
花瓣：长 6.2 cm，宽 3.6 cm。
花径：12（8~15）cm。
花态：碗状。
花色：淡紫堇色。

58 **大紫玉**（1123-03）
Nelumbo nucifera 'Large Purple Jade'

体型：中、小株型，植于1号缸中。

立叶：高34（16~56）cm。

叶径：25（17~34）cm×22（16~31）cm。

花柄：高40（16~59）cm。

花期：晚，7月10日始花，群体花期长，为41天。

着花密度：繁密，单缸开花14朵。

花蕾：桃形，紫红色。

花型：重瓣型，瓣数87（74~102）枚。

花瓣：长8.3 cm，宽5.2 cm。

花径：13（9~14）cm。

花态：碗状。

花色：紫堇色。

59 🪷 红牡丹（1123-04）
Nelumbo nucifera 'Red Tree Peony'

体型：中、小株型，植于 2 号缸中。
立叶：高 23（16~29）cm。
叶径：22（13~27）cm×17（12~31）cm。
花柄：36（22~51）cm。
花期：早，6 月 10 日始花，群体花期长，为 90 天。
着花密度：繁密，单缸开花 16 朵。

花蕾：桃形，深紫红色。
花型：重瓣型，瓣数 81（69~107）枚。
花瓣：长 8.0 cm，宽 5.0 cm。
花径：12（8~16）cm。
花态：碗状。
花色：浓紫红色。

60 　**火炬**（1123-05）
Nelumbo nucifera 'Torch'

体型：中、小株型，植于 1 号缸中。

立叶：高 33（7~61）cm。

叶径：21（12~33）cm×18（8~29）cm。

花柄：47（19~70）cm。

花期：较早，6 月 12 日始花，群体花期长，为 63 天。

着花密度：繁密，单缸开花 38 朵。

花蕾：桃形，紫红色。

花型：重瓣型，瓣数 100（71~140）枚。

花瓣：长 6.7 cm，宽 4.1 cm。

花径：14（12~17）cm。

花态：碗状。

花色：堇紫色。

61 　**芙蓉秋色**（1123-06）
Nelumbo nucifera 'Autumn Beauty'

体型：中、小株型，植于 2 号缸中。

立叶：高 32（25~37）cm。

叶径：25（22~28）cm×18（15~22）cm。

花柄：48（35~61）cm。

花期：早，6 月 1 日始花，群体花期长，为 88 天。

着花密度：繁密，单缸开花 18 朵。

花蕾：桃形，玫瑰紫色。

花型：重瓣型，瓣数 84（76~89）枚。

花瓣：长 6.2 cm，宽 3.7 cm。

花径：13（9~15）cm。

花态：碗状。

花色：淡堇紫色。

62 **粉面桃花**（1123-07）
Nelumbo nucifera 'Rosy Peach Flower'

体型：中、小株型,植于 2 号缸中。
立叶：高 34（21~48）cm。
叶径：20（14~24）cm×15（11~20）cm。
花柄：49（35~54）cm。
花期：早,6 月 4 日始花,群体花期长,为 69 天。
着花密度：繁密,单缸开花 9 朵。
花蕾：桃形,玫瑰红色。
花型：重瓣型,瓣数 104（92~126）枚。
花瓣：长 6.5 cm,宽 3.9 cm。
花径：11（8~12）cm。
花态：碗状。
花色：淡堇紫色。

63 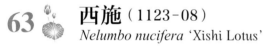 **西施**（1123-08）
Nelumbo nucifera 'Xishi Lotus'

体型：中、小株型,植于 2 号缸中。
立叶：高 44（13~69）cm。
叶径：34（17~48）cm×26（14~34）cm。
花柄：65（40~88）cm。
花期：较早,6 月 20 日始花,群体花期长,为 53 天。
着花密度：繁密,单缸开花 11 朵。
花蕾：桃形,紫色。
花型：重瓣型,瓣数 106（90~120）枚。
花瓣：长 10.2 cm,宽 7.2 cm。
花径：16（12~19）cm。
花态：碗状。
花色：淡堇紫色,基部黄白色。

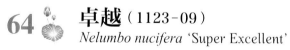 **64** **卓越**（1123-09）
Nelumbo nucifera 'Super Excellent'

体型：中、小株型,植于 2 号缸中。

立叶：高 56（42~65）cm。

叶径：31（22~37）cm×26（18~34）cm。

花柄：86（64~108）cm。

花期：早,6 月 7 日始花,群体花期长,为 56 天。

着花密度：较密,单缸开花 8 朵。

花蕾：桃形,紫色。

花型：重瓣型,瓣数 150（107~216）枚。

花瓣：长 9.7 cm,宽 5.6 cm。

花径：17（13~19）cm。

花态：碗状。

花色：堇紫色,基部淡黄色。

65 圣火（1123-10）
Nelumbo nucifera 'Holy Fire'

体型：中、小株型，植于 2 号缸中。

立叶：高 38（17~58）cm。

叶径：37（27~44）cm × 29（22~33）cm。

花柄：51（30~72）cm。

花期：早，5 月 13 日始花，群体花期长，为 53 天。

着花密度：较密，单缸开花 6 朵。

花蕾：长桃形，紫色。

花型：重瓣型，瓣数 129（111~136）枚。

花瓣：长 9.5 cm，宽 5.5 cm。

花径：17（13~23）cm。

花态：飞舞状。

花色：淡堇紫色，基部淡黄色。

66 羊城碗莲（1123-11）
Nelumbo nucifera 'Guangzhou Bowl Lotus'

体型：中、小株型，植于 3 号盆中。

立叶：高 23（18~29）cm。

叶径：18（14~19）cm × 14（12~16）cm。

花柄：31（26~32）cm。

花期：较晚，6 月 25 日始花，群体花期较长，为 20 天。

着花密度：繁密，单盆开花 6 朵。

花蕾：桃形，紫红色。

花型：重瓣型，瓣数 82（80~87）枚。

花瓣：长 6.1 cm，宽 3.7 cm。

花径：9（8~9）cm。

花态：碟状。

花色：堇紫色。

67 桌上莲（1123-12）
Nelumbo nucifera 'Table Lotus'

体型：中、小株型，植于 3 号盆中。
立叶：高 17（10～22）cm。
叶径：19（15～23）cm × 15（13～16）cm。
花柄：31（25～39）cm。
花期：较早，6 月 15 日始花，群体花期长，为 30 天。
着花密度：较繁密，单盆开花 4 朵。
花蕾：桃形，紫红色。
花型：重瓣型，瓣数 84（80～88）枚。
花瓣：长 6.6 cm，宽 4 cm。
花径：12（11～13）cm。
花态：碗状。
花色：淡堇紫色。

68 红碗莲（1123-13）
Nelumbo nucifera 'Red Bowl Lotus'

体型：中、小株型，植于 2 号缸中。
立叶：高 22（17～25）cm。
叶径：17（12～20）cm × 14（9～17）cm。
花柄：35（31～39）cm。
花期：早，6 月 10 日始花，群体花期长，为 34 天。
着花密度：较繁密，单缸开花 4 朵。
花蕾：桃形，紫红色。
花型：重瓣型，瓣数 80（69～89）枚。
花瓣：长 6.5 cm，宽 4 cm。
花径：10（7～14）cm。
花态：碗状。
花色：淡堇紫色。

69 满江红（1123-14）
Nelumbo nucifera 'Red River'

体型：中、小株型，植于3号盆中。

立叶：高12（10~14）cm。

叶径：16（13~18）cm×12（9~15）cm。

花柄：24（18~30）cm。

花期：早，6月8日始花，群体花期长，为85天。

着花密度：繁密，单盆开花6朵。

花蕾：桃形，紫红色。

花型：重瓣型，瓣数86（76~107）枚。

花瓣：长5.9cm，宽3.4cm。

花径：11（10~12）cm。

花态：碗状。

花色：淡堇紫色。

70 千堆锦（1123-15）
Nelumbo nucifera 'Thousand Stacks Brocade'

体型：中、小株型，植于3号盆中。

立叶：高20（16~23）cm。

叶径：18（16~20）cm×16（12~16）cm。

花柄：35（31~44）cm。

花期：较晚，6月24日始花，群体花期长，为32天。

着花密度：繁密，单盆开花6朵。

花蕾：桃形，紫色。

花型：重瓣型，瓣数87（66~102）枚。

花瓣：长6.3cm，宽3.5cm。

花径：8（6~11）cm。

花态：碗状。

花色：淡堇紫色。

71 祝福（1123-16）
Nelumbo nucifera 'Best Wishes'

体型：中、小株型，植于 3 号盆中。

立叶：高 19（11~32）cm。

叶径：12（8~15）cm × 10（5~12）cm。

花柄：23（20~38）cm。

花期：晚，7 月 12 日始花，群体花期长，为 40 天。

着花密度：繁密，单盆开花 9 朵。

花蕾：桃形，紫红色。

花型：重瓣型，瓣数 53（42~67）枚。

花瓣：长 4.1 cm，宽 2.1 cm。

花径：7（5~9）cm。

花态：碗状。

花色：浓堇紫色。

72 红灯笼（1123-17）
Nelumbo nucifera 'Red Lantern'

体型：中、小株型，植于 3 号盆中。

立叶：高 21（7~29）cm。

叶径：14（10~18）cm × 11（8~15）cm。

花柄：22（8~37）cm。

花期：早，6 月 10 日始花，群体花期长，为 56 天。

着花密度：繁密，单盆开花 13 朵。

花蕾：桃形，紫色。

花型：重瓣型，瓣数 120（73~223）枚。

花瓣：长 4.5 cm，宽 2.5 cm。

花径：7（5~10）cm。

花态：碗状。

花色：紫堇色。

73 蟹爪红（1123-18）
Nelumbo nucifera 'Crab Claws Red'

体型：中、小株型，植于 3 号盆中。

立叶：高 17（9~26）cm。

叶径：20（17~23）cm × 17（13~23）cm。

花柄：39（22~49）cm。

花期：早，6 月 1 日始花，群体花期长，为 66 天。

着花密度：繁密，单盆开花 13 朵。

花蕾：桃形，紫色。

花型：重瓣型，瓣数 76（62~88）枚。

花瓣：长 7.1 cm，宽 4.0 cm。

花径：12（11~15）cm。

花态：飞舞状。

花色：堇紫色。

74 娇容三变（1123-19）
Nelumbo nucifera 'Changeable Beauty'

体型：中、小株型，植于1号缸中。

立叶：高61（54~65）cm。

叶径：27（23~31）cm×24（20~26）cm。

花柄：92（73~102）cm。

花期：早，6月10日始花，群体花期长，为38天。

着花密度：较繁密，单缸开花6朵。

花蕾：长桃形，玫瑰红色。

花型：重瓣型，瓣数85（81~98）枚。

花瓣：长9.5cm，宽7cm。

花径：19（17~21）cm。

花态：碗状。

花色：极淡紫堇色。

75 秋水长天（1123-20）
Nelumbo nucifera 'Autumn Sky'

体型：中、小株型,植于1号缸中。
立叶：高32（20~52）cm。
叶径：33（23~43）cm×25（16~33）cm。
花柄：57（34~73）cm。
花期：早,6月7日始花,群体花期长,达74天。
着花密度：繁密,单缸开花9朵。
花蕾：桃形,基部绿色,上部淡红色。
花型：重瓣型,瓣数103（97~106）枚。
花瓣：长9.8cm,宽6.2cm。
花径：16（12~20）cm。
花态：飞舞状。
花色：极淡红色。

76 天娇（1123-21）
Nelumbo nucifera 'Heaven's Lotus'

体型：中、小株型,植于1号缸中。
立叶：高29（25~37）cm。
叶径：24（17~29）cm×19（13~24）cm。
花柄：58（48~73）cm。
花期：较早,6月12日始花,群体花期长,为38天。
着花密度：较密,单缸开花7朵。
花蕾：桃形,玫瑰红色。
花型：重瓣型,瓣数93（83~101）枚。
花瓣：长7.4cm,宽4.8cm。
花径：14（12~17）cm。
花态：碗状。
花色：极淡至淡紫堇色。

77 钗头凤（1123-22）
Nelumbo nucifera 'Love Poem'

体型：中、小株型，植于 1 号缸中。

立叶：高 20（16~30）cm。

叶径：18（13~37）cm×14（10~21）cm。

花柄：45（26~54）cm。

花期：早，6 月 8 日始花，群体花期长，为 70 天。

着花密度：繁密，单缸开花 10 朵。

花蕾：桃形，玫瑰红色。

花型：重瓣型，瓣数 92（77~110）枚。

花瓣：长 7.2cm，宽 4.3cm。

花径：14（9~16）cm。

花态：碗状。

花色：极淡至淡紫堇色。

78 杏花春雨（1123-23）
Nelumbo nucifera 'Apricot Blossom in Spring Rain'

体型：中、小株型，植于 2 号缸中。

立叶：高 42（41~45）cm。

叶径：31（26~35）cm×27（23~30）cm。

花柄：55（11~71）cm。

花期：较早，6 月 12 日始花，群体花期长，为 34 天。

着花密度：较繁密，单缸开花 7 朵。

花蕾：圆桃形，玫瑰红色。

花型：重瓣型，瓣数 94（86~105）枚。

花瓣：长 7.6 cm，宽 4.8 cm。

花径：14（10~17）cm。

花态：碗状。

花色：极淡至淡紫色。

79 艳新装（1123-24）
Nelumbo nucifera 'Beautiful Dress'

体型：中、小株型，植于 1 号缸中。

立叶：高 45（38~58）cm。

叶径：24（17~30）cm×20（15~24）cm。

花柄：59（46~77）cm。

花期：较早，6 月 18 日始花，群体花期较长，为 17 天。

着花密度：较繁密，单缸开花 7 朵。

花蕾：桃形，玫瑰红色。

花型：重瓣型，瓣数 107（102~114）枚。

花瓣：长 8.9 cm，宽 5.2 cm。

花径：15（13~16）cm。

花态：碗状。

花色：极淡至淡堇紫色。

80 醉云（1123-25）
Nelumbo nucifera 'Drunken Clouds'

体型：中、小株型，植于 1 号缸中。

立叶：高 36（25~47）cm。

叶径：21（18~25）cm×16（13~20）cm。

花柄：50（35~60）cm。

花期：较早，6 月 15 日始花，群体花期长，为 42 天。

着花密度：较繁密，单缸开花 5 朵。

花蕾：桃形，玫瑰红色。

花型：重瓣型，瓣数 105（100~109）枚。

花瓣：长 7.5 cm，宽 5.5 cm。

花径：14（12~16）cm。

花态：碗状。

花色：极淡至淡堇紫色。

81 点绛唇（1123-26）
Nelumbo nucifera 'Red Lips'

体型：中、小株型，植于 1 号缸中。

立叶：高 31（29~33）cm。

叶径：21（14~27）cm×17（10~22）cm。

花柄：52（41~59）cm。

花期：较早，6 月 18 日始花，群体花期较长，为 23 天。

着花密度：稀少，单缸开花 4 朵。

花蕾：桃形，玫瑰红色。

花型：重瓣型，瓣数 84（75~111）枚。

花瓣：长 7.4 cm，宽 3.3 cm。

花径：13（12~15）cm。

花态：碗状。

花色：极淡至淡堇紫色。

82 笑靥（1123-27）
Nelumbo nucifera 'Smiling Face'

体型：中、小株型，植于1号缸中。

立叶：高33（20～40）cm。

叶径：21（19～23）cm×16（14～18）cm。

花柄：53（42～60）cm。

花期：晚，7月3日始花，群体花期长，为31天。

着花密度：较繁密，单缸开花5朵。

花蕾：桃形，玫瑰红色。

花型：重瓣型，瓣数90（85～92）枚。

花瓣：长8cm，宽4.6cm。

花径：16（14～18）cm。

花态：碗状。

花色：极淡至淡紫色。

83 锦绣（1123-28）
Nelumbo nucifera 'Brocade Beauty'

体型：中、小株型，植于 2 号缸中。

立叶：高 37（20～49）cm。

叶径：24（23～31）cm × 19（14～21）cm。

花柄：44（24～57）cm。

花期：较早，6 月 14 日始花，群体花期长，为 56 天。

着花密度：繁密，单缸开花 14 朵。

花蕾：桃形，粉红色。

花型：重瓣型，瓣数 87（74～82）枚。

花瓣：长 6.3 cm，宽 3.8 cm。

花径：13（11～14）cm。

花态：碗状。

花色：极淡至淡堇紫色。

84 风华正茂（1123-29）
Nelumbo nucifera 'Best Ages'

体型：中、小株型，植于 2 号缸中。

立叶：高 34（30～38）cm。

叶径：20（18～23）cm × 18（15～21）cm。

花柄：52（45～56）cm。

花期：较早，6 月 12 日始花，群体花期长，为 31 天。

着花密度：繁密，单缸开花 16 朵。

花蕾：圆桃形，玫瑰红色。

花型：重瓣型，瓣数 88（76～97）枚。

花瓣：长 7.1 cm，宽 3.9 cm。

花径：13（11～16）cm。

花态：碗状。

花色：极淡堇紫色。

85 云腾霞蔚（1123-30）
Nelumbo nucifera 'Morning of Clear Day'

体型：中、小株型，植于 1 号缸中。

立叶：高 37（32~51）cm。

叶径：25（18~34）cm × 21（14~30）cm。

花柄：66（34~78）cm。

花期：较早，6 月 15 日始花，群体花期较长，为 28 天。

着花密度：繁密，单缸开花 10 朵。

花蕾：圆桃形，淡红色。

花型：重瓣型，瓣数 89（73~94）枚。

花瓣：长 7.8 cm，宽 4.4 cm。

花径：13（12~17）cm。

花态：碗状。

花色：极淡至淡堇紫色。

86 大丰（1123-31）
Nelumbo nucifera 'Rich Harvest'

体型：中、小株型，植于 2 号缸中。
立叶：高 35（32~41）cm。
叶径：20（19~22）cm×16（16~17）cm。
花柄：41（18~58）cm。
花期：较早，6 月 20 日始花，群体花期长，为 51 天。
着花密度：繁密，单缸开花 14 朵。
花蕾：圆桃形，粉红色。
花型：重瓣型，瓣数 95（85~102）枚。
花瓣：长 6.5 cm，宽 5.0 cm。
花径：13（8~14）cm。
花态：碗状。
花色：极淡堇紫色。

87 百媚莲（1123-32）
Nelumbo nucifera 'Hundreds of Charms'

体型：中、小株型，植于 3 号盆中。
立叶：高 24（18~29）cm。
叶径：14（13~14）cm×12（11~12）cm。
花柄：28（25~30）cm。
花期：较早，6 月 20 日始花，群体花期长，为 47 天。
着花密度：繁密，单盆开花 7 朵。
花蕾：桃形，紫红色。
花型：重瓣型，瓣数 99（95~105）枚。
花瓣：长 6.0 cm，宽 3.5 cm。
花径：7（6~8）cm。
花态：碗状。
花色：极淡至淡紫堇色。

88 丽雅（1123-33）
Nelumbo nucifera 'Elegance'

体型：中、小株型，植于 2 号缸中。

立叶：高 42（27～61）cm。

叶径：31（26～39）cm × 26（23～31）cm。

花柄：高 61（36～84）cm。

花期：早，6 月 5 日始花，群体花期长，为 62 天。

着花密度：繁密，单缸开花 12 朵。

花蕾：桃形，粉色。

花型：重瓣型，瓣数 177（165～191）枚。

花瓣：长 9 cm，宽 5.9 cm。

花径：16（12～19）cm。

花态：碟状。

花色：极淡至淡堇紫色，基部为淡黄色。

89 小醉仙（1123-34）
Nelumbo nucifera 'Little Drunken Fairy'

体型：中、小株型，植于 3 号盆中。

立叶：高 33（21～45）cm。

叶径：18（16～23）cm × 15（12～20）cm。

花柄：43（18～62）cm。

花期：较早，6 月 14 日始花，群体花期长，为 52 天。

着花密度：繁密，单盆开花 11 朵。

花蕾：桃形，玫瑰红色。

花型：重瓣型，瓣数 87（72～106）枚。

花瓣：较瘦小，长 5.6 cm，宽 3.6 cm。

花径：12（8～13）cm。

花态：碗状。

花色：极淡紫色。

90 小莲座（1123-35）
Nelumbo nucifera 'Little Buddha's Seat'

体型：中、小株型，植于 3 号盆中。

立叶：高 23（11~34）cm。

叶径：20（15~21）cm×15（12~18）cm。

花柄：38（36~48）cm。

花期：较晚，6 月 22 日始花，群体花期长，为 52 天。

着花密度：繁密，单盆开花 6 朵。

花蕾：圆桃形，绿色。

花型：重瓣型，瓣数 74（59~86）枚。

花瓣：长 8.5 cm，宽 5 cm。

花径：12（9~14）cm。

花态：碗状。

花色：极淡至淡堇紫色。

91 粉霞（1123-36）
Nelumbo nucifera 'Pink Evening Glow'

体型：中、小株型，植于 2 号缸中。

立叶：高 25（15~40）cm。

叶径：18（16~23）cm×15（13~19）cm。

花柄：51（34~60）cm。

花期：早，6 月 9 日始花，群体花期长，为 35 天。

着花密度：较繁密，单缸开花 7 朵。

花蕾：桃形，玫瑰红色。

花型：重瓣型，瓣数 97（78~113）枚。

花瓣：长 6.0 cm，宽 4.5 cm。

花径：11（9~14）cm。

花态：碗状。

花色：极淡至淡堇紫色。

92 菊钵（1123-37）
Nelumbo nucifera 'Chrysanthemum Pot'

体型：中、小株型,植于 3 号盆中。

立叶：高 18（14~23）cm。

叶径：13（8~16）cm×11（6~14）cm。

花柄：44（31~50）cm。

花期：较早,6 月 18 日始花,群体花期较长,为 22 天。

着花密度：较繁,单盆开花 3 朵。

花蕾：桃形,玫瑰红色。

花型：重瓣型,瓣数 70（68~73）枚。

花瓣：长 6 cm,宽 3.8 cm。

花径：11（9~12）cm。

花态：碗状。

花色：极淡至淡堇紫色。

93 粉玲珑（1123-38）
Nelumbo nucifera 'Pink Exquisite'

体型：中、小株型,植于 3 号盆中。

立叶：高 21（12~35）cm。

叶径：18（12~20）cm×16（9~17）cm。

花柄：32（12~54）cm。

花期：较早,6 月 11 日始花,群体花期长,为 46 天。

着花密度：繁密,单盆开花 8 朵。

花蕾：桃形,玫瑰红色。

花型：重瓣型,瓣数 93（82~112）枚。

花瓣：长 5.2 cm,宽 3.8 cm。

花径：8（6~10）cm。

花态：碗状。

花色：极淡至淡堇紫色。

94 粉松球（1123-39）
Nelumbo nucifera 'Pine-cone Pink'

体型：中、小株型，植于 4 号盆中。

立叶：高 10（9～17）cm。

叶径：12（10～15）cm × 10（8～12）cm。

花柄：22（20～25）cm。

花期：晚，7 月 15 日始花，群体花期短，为 9 天。

着花密度：较繁密，单盆开花 4 朵。

花蕾：桃形，玫瑰红色。

花型：重瓣型，瓣数 73（63～83）枚。

花瓣：长 5.2 cm，宽 1.9 cm。

花径：11（10～11）cm。

花态：碗状。

花色：极淡至淡堇紫色。

95 红盏托珠（1123-40）
Nelumbo nucifera 'Pearls on Red-plate'

体型：中、小株型，植于 3 号盆中。

立叶：高 20（15～26）cm。

叶径：18（14～22）cm × 15（12～19）cm。

花柄：35（32～40）cm。

花期：较晚，6 月 24 日始花，群体花期长，为 38 天。

着花密度：较繁密，单盆开花 4 朵。

花蕾：桃形，玫瑰红色。

花型：重瓣型，瓣数 75（72～78）枚。

花瓣：长 5.8 cm，宽 3.2 cm。

花径：10（8～12）cm。

花态：碟状。

花色：极淡至淡堇紫色。

96 心灵美（1123-41）
Nelumbo nucifera 'Virtuous Heart'

体型：中、小株型，植于3号盆中。

立叶：高14（9~22）cm。

叶径：18（14~20）cm×15（12~18）cm。

花柄：34（16~44）cm。

花期：较早，6月20日始花，群体花期长，为48天。

着花密度：繁密，单盆开花8朵。

花蕾：桃形，玫瑰红色。

花型：重瓣型，瓣数65（54~68）枚。

花瓣：长6cm，宽4.1cm。

花径：11（9~13）cm。

花态：碗状。

花色：极淡至淡堇紫色。

97 琴台歌手（1123-42）
Nelumbo nucifera 'Qintai Singer'

体型：中、小株型，植于 3 号盆中。

立叶：高 21（18~23）cm。

叶径：22（18~26）cm×17（14~22）cm。

花柄：32（30~34）cm。

花期：较早，6 月 18 日始花，群体花期短，为 10 天。

着花密度：稀少，单盆开花 2 朵。

花蕾：桃形，玫瑰红色。

花型：重瓣型，瓣数 89（79~95）枚。

花瓣：长 6.3cm，宽 4.2cm。

花径：11（9~13）cm。

花态：碗状。

花色：极淡至淡紫色。

98 重瓣八一莲（1123-43）
Nelumbo nucifera 'Double-petal Bayi Lotus'

体型：中、小株型，植于 3 号盆中。

立叶：高 15（12~17）cm。

叶径：15（14~15）cm×12（10~13）cm。

花柄：33（21~44）cm。

花期：较晚，6 月 30 日始花，群体花期较长，为 22 天。

着花密度：稀少，单盆开花 2 朵。

花蕾：桃形，玫瑰红色。

花型：重瓣型，瓣数 70（65~75）枚。

花瓣：长 6cm，宽 4cm。

花径：10（9~11）cm。

花态：碗状。

花色：极淡至淡紫色。

99 霜天晓角（1123-44）

Nelumbo nucifera 'Dawn Horning in Frost Season'

体型：中、小株型，植于 3 号盆中。

立叶：高 18（13~22）cm。

叶径：19（18~20）cm×17（16~17）cm。

花柄：25（22~32）cm。

花期：较早，6 月 11 日始花，群体花期厂，为 31 天。

着花密度：繁密，单盆开花 6 朵。

花蕾：圆桃形，玫瑰红色。

花型：重瓣型，瓣数 82（79~84）枚。

花瓣：长 5.0 cm，宽 3.0 cm。

花径：9（8~10）cm。

花态：碗状。

花色：外瓣淡堇紫色，内瓣白色。

100 罗敷粉妆（1123-45）

Nelumbo nucifera 'Pink Lotus of Luofu'

体型：中、小株型，植于 3 号盆中。

立叶：高 18（12~28）cm。

叶径：20（15~24）cm×15（11~20）cm。

花柄：38（36~42）cm。

花期：早，6 月 4 日始花，群体花期长，为 66 天。

着花密度：繁密，单盆开花 8 朵。

花蕾：桃形，玫瑰红色。

花型：重瓣型，瓣数 125（112~133）枚。

花瓣：长 6.5 cm，宽 4.5 cm。

花径：11（10~12）cm。

花态：碗状。

花色：极淡至淡堇紫色，外围瓣淡堇紫色。

101 微雨（1123-46）
Nelumbo nucifera 'Drizzle'

体型：中、小株型，植于 2 号缸中。

立叶：高 36（15~52）cm。

叶径：16（9~25）cm×13（7~22）cm。

花柄：40（14~52）cm。

花期：早，6 月 10 日始花，群体花期长，为 77 天。

着花密度：繁密，单缸开花 19 朵。

花蕾：桃形，绿色。

花型：重瓣型，瓣数 72（44~98）枚。

花瓣：长 5.7 cm，宽 3.3 cm。

花径：13（10~16）cm。

花态：碗状。

花色：白色，花瓣尖、边微红色。

102 白云（1123-47）
Nelumbo nucifera 'White Clouds'

体型：中、小株型，植于2号缸中。

立叶：高28（13~38）cm。

叶径：25（13~36）cm×19（10~30）cm。

花柄：69（60~88）cm。

花期：较晚，6月27日始花，群体花期长，为46天。

着花密度：较密，单缸开花8朵。

花蕾：桃形，粉色。

花型：重瓣型，瓣数215（184~234）枚。

花瓣：长10.6cm，宽6.5cm。

花径：20（17~20）cm。

花态：飞舞状。

花色：白色，尖微红。

103 赛佛座（1123-48）
Nelumbo nucifera 'Buddha's Seat'

体型：中、小株型，植于 1 号缸中。

立叶：高 22（7~29）cm。

叶径：21（11~29）cm×16（10~22）cm。

花柄：47（22~73）cm。

花期：早，6 月 1 日始花，群体花期长，达 92 天。

着花密度：繁密，单缸开花 13 朵。

花蕾：桃形，淡红色。

花型：重瓣型，瓣数 88（61~119）枚。

花瓣：长 8.1 cm，宽 4.5 cm。

花径：14（7~19）cm。

花态：碟状。

花色：极淡紫色，花瓣尖端色较深。

104 大锦（1123-49）
Nelumbo nucifera 'Large Beauty'

体型：中、小株型，植于 2 号缸中。

立叶：高 34（13~50）cm。

叶径：20（16~24）cm×15（11~20）cm。

花柄：46（13~82）cm。

花期：早，6 月 10 日始花，群体花期长，为 80 天。

着花密度：繁密，单缸开花 14 朵。

花蕾：圆桃形，绿色，尖端淡红色。

花型：重瓣型，瓣数 100（80~121）枚。

花瓣：长 7.6 cm，宽 4.8 cm。

花径：14（12~18）cm。

花态：碗状。

花色：白色，尖端极淡紫堇色。

105 彩蝶（1123-50）
Nelumbo nucifera 'Colorful Butterfly'

体型：中、小株型,植于2号缸中。
立叶：高34（24~66）cm。
叶径：22（12~32）cm×19（10~28）cm。
花柄：39（29~69）cm。
花期：早,6月10日始花,群体花期长,为58天。
着花密度：繁密,单缸开花31朵。
花蕾：桃形,玫瑰红色,尖端淡红色。
花型：重瓣型,瓣数87（62~112）枚。
花瓣：长6.3cm,宽4.0cm。
花径：12（10~14）cm。
花态：碟状。
花色：内瓣主要为白色,外瓣及内瓣尖端极淡至淡堇紫色。

106 富贵莲（1123-51）
Nelumbo nucifera 'Lotus of Rich and Honour'

体型：中、小株型,植于2号缸中。
立叶：高14（8~20）cm。
叶径：18（13~28）cm×17（11~20）cm。
花柄：18（12~23）cm。
花期：早,5月10日始花,群体花期长,为50天。
着花密度：稀少,单缸开花3朵。
花蕾：长桃形,玫瑰红色。
花型：重瓣型,瓣数95（92~98）枚。
花瓣：长5.3cm,宽3.8cm。
花径：14（11~16）cm。
花态：飞舞状。
花色：复色,中部白色,基部黄色。

107 玉楼人醉（1123-52）

Nelumbo nucifera 'Drunken in Jade-tower'

体型：中、小株型，植于3号盆中。

立叶：高22（18~24）cm。

叶径：19（16~22）cm×16（14~18）cm。

花柄：39（35~43）cm。

花期：较早，6月16日始花，群体花期长，为37天。

着花密度：较繁密，单盆开花3朵。

花蕾：圆桃形，玫瑰红色。

花型：重瓣型，瓣数71（67~88）枚。

花瓣：长5.5cm，宽2.8cm。

花径：11（10~12）cm。

花态：碗状。

花色：极淡至淡紫色。

108 赛锦（1123-53）

Nelumbo nucifera 'Better Than Brocade'

体型：中、小株型,植于 3 号盆中。

立叶：高 18（16~20）cm。

叶径：14（11~16）cm × 12（10~14）cm。

花柄：25（20~27）cm。

花期：较晚,6 月 25 日始花,群体花期较短,为 19 天。

着花密度：较密,单盆开花 3 朵。

花蕾：桃形,玫瑰红色。

花型：重瓣型,瓣数 75（74~76）枚。

花瓣：长 7.5 cm,宽 2.8 cm。

花径：8（7~8）cm。

花态：碟状。

花色：复色,基部白色,上部及边缘堇紫色。

七、中小株重台类莲品种群
Group of Medium-Small Plant with Duplicate-Petalled Flower

109 胭脂露（1124-01）
Nelumbo nucifera 'Rouge Dew'

体型：中、小株型，植于 2 号缸中。

立叶：高 36（20～47）cm。

叶径：19（15～25）cm × 16（12～20）cm。

花柄：45（20～49）cm。

花期：较晚，6 月 25 日始花，群体花期长，为 57 天。

着花密度：繁密，单缸开花 22 朵。

花蕾：桃形，暗紫红色。

花型：重台型，瓣数 79（66～103）枚。

花瓣：长 6.0 cm，宽 3.9 cm。

花径：13（10～14）cm。

花态：碗状。

花色：淡紫色。

110 红宝石（1124-02）
Nelumbo nucifera 'Ruby'

体型：中、小株型，植于 3 号盆中。

立叶：高 12（6～16）cm。

叶径：14（8～19）cm × 12（7～15）cm。

花柄：19（6～28）cm。

花期：较早，6 月 15 日始花，群体花期长，为 42 天。

着花密度：繁密，单盆开花 8 朵。

花蕾：桃形，紫红色。

花型：重台型，瓣数 89（62～138）枚。

花瓣：长 5.5 cm，宽 2.7 cm。

花径：7（6～9）cm。

花态：碗状。

花色：堇紫色。

111 玫红重台（1124-03）

Nelumbo nucifera 'Rose Red Duplicate'

体型：中、小株型，植于3号盆中。
立叶：高18（15~21）cm。
叶径：15（14~16）cm×13（12~13）cm。
花柄：25（11~35）cm。
花期：早，6月2日始花，群体花期长，为35天。
着花密度：繁密，单盆开花7朵。

花蕾：桃形，玫瑰紫色。
花型：重台型，瓣数88（84~96）枚。
花瓣：长5.0cm，宽2.7cm。
花径：8（7~9）cm。
花态：碗状。
花色：淡堇紫色。

112 🌸 **丹绣球**（1124-04）
Nelumbo nucifera 'Red Rolling Silk Ball'

体型：中、小株型，植于 3 号盆中。

立叶：高 17（12~21）cm。

叶径：12（10~16）cm × 10（9~14）cm。

花柄：26（23~29）cm。

花期：较晚，6 月 21 日始花，群体花期长，为 38 天。

着花密度：繁密，单盆开花 9 朵。

花蕾：桃形，玫瑰紫色。

花型：重台型，瓣数 112（108~116）枚。

花瓣：长 5.0 cm，宽 2.8 cm。

花径：9（8~9）cm。

花态：碗状。

花色：淡堇色。

113 东方明珠（1124-05）
Nelumbo nucifera 'Bright Eastern Pearl'

体型：中、小株型，植于 1 号缸中。
立叶：高 23（20~26）cm。
叶径：18（16~19）cm×16（13~17）cm。
花柄：27（10~34）cm。
花期：早，6 月 10 日始花，群体花期长，为 43 天。
着花密度：繁密，单缸开花 30 朵。

花蕾：桃形，玫瑰红色。
花型：重台型，瓣数 101（86~115）枚。
花瓣：长 5.0 cm，宽 2.8 cm。
花径：13（8~15）cm。
花态：碗状。
花色：极淡至淡堇紫色。

114 娇娘（1124-06）
Nelumbo nucifera 'Elegant Woman'

体型：中、小株型，植于 3 号盆中。

立叶：高 20（11~28）cm。

叶径：13（8~16）cm×11（6~14）cm。

花柄：25（15~32）cm。

花期：晚，7 月 3 日始花，群体花期长，为 31 天。

着花密度：繁密，单盆开花 6 朵。

花蕾：桃形，紫红色。

花型：重台型，瓣数 64（62~73）枚。

花瓣：长 4.6 cm，宽 2.5 cm。

花径：7（6~8）cm。

花态：碗状。

花色：极淡至淡紫堇色。

115 豆蔻年华（1124-07）
Nelumbo nucifera 'Girl's Early Teens'

体型：中、小株型，植于 3 号盆中。

立叶：高 12（11~16）cm。

叶径：15（14~18）cm×12（11~13）cm。

花柄：22（17~25）cm。

花期：早，6 月 10 日始花，群体花期较长，为 28 天。

着花密度：繁密，单盆开花 8 朵。

花蕾：圆桃形，淡玫瑰红色。

花型：重台型，瓣数 87（57~107）枚。

花瓣：长 6.5 cm，宽 4.0 cm。

花径：8（6~9）cm。

花态：碗状。

花色：极淡至淡紫红色。

116 樱红（1124-08）
Nelumbo nucifera 'Red of Cherry'

体型：中、小株型，植于 3 号盆中。

立叶：高 13（6~25）cm。

叶径：15（11~18）cm×13（10~15）cm。

花柄：19（10~30）cm。

花期：较早，6 月 19 日始花，群体花期长，为 35 天。

着花密度：繁密，单盆开花 7 朵。

花蕾：桃形，玫瑰红色。

花型：重台型，瓣数 79（58~98）枚。

花瓣：长 4.8 cm，宽 2.7 cm。

花径：8（5~10）cm。

花态：碟状。

花色：极淡至淡堇紫色。

117 红晕蝶影（1124-09）
Nelumbo nucifera 'Red Butterfly'

体型：中、小株型，植于 3 号盆中。

立叶：高 16（15~17）cm。

叶径：18（17~20）cm × 15（13~17）cm。

花柄：28（27~29）cm。

花期：晚，7 月 5 日始花，群体花期长，为 43 天。

着花密度：较密，单盆开花 4 朵。

花蕾：长桃形，玫瑰红色。

花型：重台型，瓣数 63（54~69）枚。

花瓣：长 6.0 cm，宽 3.3 cm。

花径：8（7~10）cm。

花态：碟状。

花色：极淡红紫色，花瓣上部为淡红紫色。

八、大株中美杂种莲品种群
Large Plant Group of Sino-American Hybrids

118 友谊牡丹莲（1313-01）
Nelumbo 'Friendship Peony'

体型：大株型，植于2号缸中。

立叶：高 62（45~75）cm。

叶径：33（27~38）cm×30（23~33）cm。

花柄：85（60~103）cm。

花期：早，6月9日始花，群体花期长，为58天。

着花密度：较密，单缸开花5朵。

花蕾：桃形，绿黄色。

花型：重瓣型，瓣数 134（90~160）枚。

花瓣：长 11.1cm，宽 5.2cm。

花径：17（15~20）cm。

花态：杯状。

花色：极淡至淡橙黄色，基部淡橙黄色。

九、中小株中美杂种莲品种群
Medium-Small Plant Group of Sino-American Hybrids

119 佛手莲（1321-01）
Nelumbo 'Buddha's Fingers'

体型：中、小株型,植于1号缸中。
立叶：高18（13~28）cm。
叶径：21（17~30）cm×18（15~25）cm。
花柄：42（23~68）cm。
花期：早,6月4日始花,群体花期长,为76天。
着花密度：繁密,单缸开花12朵。
花蕾：桃形,玫瑰红色。
花型：少瓣型,瓣数17（14~21）枚。
花瓣：长9.3cm,宽4.6cm。
花径：17（12~21）cm。
花态：杯状。
花色：极淡至淡堇紫色。

120 粉斑莲（1321-02）
Nelumbo 'Pink Spots Lotus'

体型：中、小株型,植于2号缸中。
立叶：高35（34~36）cm。
叶径：20（20~20）cm×17（16~18）cm。
花柄：40（32~52）cm。
花期：较早,6月19日始花,群体花期长,为46天。
着花密度：较繁密,单缸开花8朵。
花蕾：长桃形,玫瑰粉色。
花型：少瓣型,瓣数16（14~17）枚。
花瓣：长7.3cm,宽4.7cm。
花径：14（7~16）cm。
花态：杯状。
花色：极淡堇紫色。

121 凤舞（1321-03）
Nelumbo 'Dancing Phoenix'

体型：中、小株型，植于 2 号缸中。

立叶：高 32（26~38）cm。

叶径：25（20~28）cm×23（19~26）cm。

花柄：59（53~72）cm。

花期：较早，6 月 11 日始花，群体花期长，为 70 天。

着花密度：繁密，单缸开花 20 朵。

花蕾：长桃形，玫瑰红色。

花型：少瓣型，瓣数 17（15~19）枚。

花瓣：长 9.0 cm，宽 4.3 cm。

花径：17（16~18）cm。

花态：飞舞状。

花色：复色，瓣基黄色、中部白色、尖端红色。

122 黄鹂（1322-04）
Nelumbo 'Oriole'

体型：中、小株型，植于 2 号缸中。

立叶：高 22（19~31）cm。

叶径：25（22~26）cm × 24（23~24）cm。

花柄：34（30~46）cm。

花期：较早，6 月 15 日始花，群体花期长，为 41 天。

着花密度：繁密，单缸开花 19 朵。

花蕾：桃形，绿黄色。

花型：半重瓣型，瓣数 43（33~53）枚。

花瓣：长 7.0 cm，宽 4.2 cm。

花径：10（9~11）cm。

花态：碗状。

花色：极淡至淡黄绿色，瓣末有绿黄色斑。

123 莺莺（1322-05）
Nelumbo 'Little Oriole'

体型：中、小株型，植于 4 号盆中。

立叶：高 13（12~14）cm。

叶径：13（12~14）cm×11（9~12）cm。

花柄：16（11~22）cm。

花期：较早，6 月 15 日始花，群体花期长，为 31 天。

着花密度：繁密，单盆开花 5 朵。

花蕾：圆桃形，绿黄色。

花型：半重瓣型，瓣数 37（33~44）枚。

花瓣：长 4.0 cm，宽 2.5 cm。

花径：5（4~6）cm。

花态：碗状。

花色：极淡至淡黄绿色，内瓣尖端具较大浓黄绿斑块。

124 **蝶恋花**（1322-06）
Nelumbo 'Butterfly's Love'

体型：中、小株型，植于 2 号缸中。

立叶：高 28（13~39）cm。

叶径：23（17~27）cm × 21（14~27）cm。

花柄：49（21~57）cm。

花期：较早，6 月 17 日始花，群体花期较长，为 24 天。

着花密度：繁密，单缸开花 13 朵。

花蕾：长桃形，淡玫瑰红色。

花型：半重瓣型，瓣数 32（24~38）枚。

花瓣：长 7.5 cm，宽 3.9 cm。

花径：16（13~18）cm。

花态：飞舞状。

花色：复色，瓣基黄色，中部白色，瓣端淡堇紫色。

125 **新红**（1322-07）
Nelumbo 'New Red'

体型：中、小株型，植于 2 号缸中。

立叶：高 25（21~30）cm。

叶径：32（26~36）cm × 23（17~28）cm。

花柄：45（40~53）cm。

花期：较晚，6 月 23 日始花，群体花期长，为 35 天。

着花密度：繁密，单缸开花 9 朵。

花蕾：长桃形，玫粉色。

花型：半重瓣型，瓣数 30（18~32）枚。

花瓣：长 11 cm，宽 5.5 cm。

花径：17（16~19）cm。

花态：杯状。

花色：极淡至淡堇紫色，先端淡堇紫色，基部淡黄色。

126 水晶白（1323-08）
Nelumbo 'Crystal White'

体型：中、小株型，植于 3 号盆中。

立叶：高 10（9~13）cm。

叶径：20（13~23）cm×18（17~19）cm。

花柄：26（18~32）cm。

花期：早，6 月 8 日始花，群体花期较长，为 17 天。

着花密度：繁密，单盆开花 6 朵。

花蕾：桃形，绿色。

花型：重瓣型，瓣数 122（116~128）枚。

花瓣：长 6.5 cm，宽 4.4 cm。

花径：10（8~12）cm。

花态：碗状。

花色：白色，基部淡橙黄色。

127 金太阳（1323-09）
Nelumbo 'Golden Sun'

体型：中、小株型，植于 2 号缸中。

立叶：高 43（40~55）cm。

叶径：22（19~24）cm×18（16~22）cm。

花柄：69（58~72）cm。

花期：晚，7 月 22 日始花，群体花期较长，为 25 天。

着花密度：较密，单缸开花 6 朵。

花蕾：桃形，黄绿色。

花型：重瓣型，瓣数 247（230~260）枚。

花瓣：长 10.5 cm，宽 5.4 cm。

花径：18（16~20）cm。

花态：碗状。

花色：淡黄色，基部黄色。

128 黄牡丹（1323-10）

Nelumbo 'Yellow Tree Peony'

体型：中、小株型，植于2号缸中。

立叶：高48（45~52）cm。

叶径：43（37~45）cm×35（31~38）cm。

花柄：64（60~68）cm。

花期：晚，7月21日始花，群体花期长，为36天。

着花密度：繁密，单缸开花10朵。

花蕾：桃形，绿色。

花型：重瓣型，瓣数104（96~120）枚。

花瓣：长9.8cm，宽6.8cm。

花径：11（8~14）cm。

花态：杯状。

花色：淡橙黄色。

129 翠云（1323-11）
Nelumbo 'Green Clouds'

体型：中、小株型，植于 2 号缸中。

立叶：高 35（18~49）cm。

叶径：34（28~44）cm × 28（21~35）cm。

花柄：68（60~78）cm。

花期：早，6 月 10 日始花，群体花期长，为 51 天。

着花密度：较密，单缸开花 7 朵。

花蕾：圆桃形，绿色。

花型：重瓣型，瓣数 160（150~180）枚。

花瓣：长 9.2cm，宽 6.6cm。

花径：14（12~20）cm。

花态：碗状。

花色：极淡至淡黄色，基部淡黄色，尖红。

155

130 积翠莲（1323-12）
Nelumbo 'Emerald Green'

体型：中、小株型，植于 2 号缸中。

立叶：高 68（44~82）cm。

叶径：48（42~51）cm × 41（32~44）cm。

花柄：88（67~113）cm。

花期：早，6 月 10 日始花，群体花期长，为 38 天。

着花密度：较密，单缸开花 5 朵。

花蕾：桃形，绿色。

花型：重瓣型，瓣数 118（114~120）枚。

花瓣：长 11.3 cm，宽 7.3 cm。

花径：21（19~23）cm。

花态：碗状。

花色：极淡至淡黄色，上部有淡绿黄晕。

131 金碧辉煌（1323-13）
Nelumbo 'Resplendence'

体型：中、小株型，植于 3 号盆中。

立叶：高 11（11~12）cm。

叶径：21（17~26）cm × 19（15~23）cm。

花柄：24（20~31）cm。

花期：早，5 月 25 日始花，群体花期长，为 42 天。

着花密度：繁密，单缸开花 7 朵。

花蕾：圆桃形，绿色。

花型：重瓣型，瓣数 82（77~90）枚。

花瓣：长 6.4 cm，宽 4.4 cm。

花径：11（7~14）cm。

花态：碗状。

花色：极淡橙黄色，基部淡橙黄色。

132 燕舞莺啼（1323-14）
Nelumbo 'Dancing Swallows and Singing Orioles'

体型：中、小株型，植于 2 号缸中。

立叶：高 49（37~57）cm。

叶径：24（16~38）cm × 19（13~24）cm。

花柄：57（38~70）cm。

花期：早，6 月 1 日始花，群体花期长，为 71 天。

着花密度：繁密，单缸开花 19 朵。

花蕾：桃形，玫瑰红色。

花型：重瓣型，瓣数 62（59~68）枚。

花瓣：长 7.1 cm，宽 2.7 cm。

花径：13（9~16）cm。

花态：碗状。

花色：淡堇紫色，瓣基黄色。

133 枇杷橙（1323-15）
Nelumbo 'Orange of Loquat'

体型：中、小株型，植于 2 号缸中。

立叶：高 38（31~43）cm。

叶径：23（15~29）cm × 16（13~26）cm。

花柄：57（46~66）cm。

花期：早，6 月 10 日始花，群体花期长，为 60 天。

着花密度：繁密，单缸开花 10 朵。

花蕾：长桃形，玫瑰红色。

花型：重瓣型，瓣数 112（88~140）枚。

花瓣：长 10.8 cm，宽 5.6 cm。

花径：14（10~18）cm。

花态：碗状。

花色：花瓣中下部淡橙黄色，瓣尖及背部瓣脉为堇紫色。

134 统帅 (1323-16)
Nelumbo 'Commander'

体型：中、小株型，植于 3 号盆中。

立叶：高 22（20~25）cm。

叶径：18（17~21）cm×15（13~18）cm。

花柄：29（26~32）cm。

花期：较晚，6 月 22 日始花，群体花期较长，为 18 天。

着花密度：较密，单盆开花 4 朵。

花蕾：圆桃形，紫色。

花型：重瓣型，瓣数 98（96~110）枚。

花瓣：长 5 cm，宽 3 cm。

花径：12（10~13）cm。

花态：碗状。

花色：浓堇紫色，基部黄色。

扬州荷

158

135 🪷 **紫瑞**（1324-17）
Nelumbo 'Fortune Purple'

体型：中、小株型，植于 2 号缸中。

立叶：高 47（30~64）cm。

叶径：29（24~33）cm×23（19~26）cm。

花柄：57（36~77）cm。

花期：早，5 月 31 日始花，群体花期较长，为 24 天。

着花密度：较密，单缸开花 5 朵。

花蕾：桃形，紫色。

花型：重台型，瓣数 200（195~210）枚。

花瓣：长 9.5 cm，宽 5.8 cm。

花径：16（12~20）cm。

花态：杯状。

花色：淡堇紫色，尖、脉堇紫色。

136 红唇（1324-18）
Nelumbo 'Charming Lips'

体型：中、小株型，植于 3 号盆中。

立叶：高 28（21~36）cm。

叶径：25（15~31）cm×18（12~27）cm。

花柄：35（21~54）cm。

花期：早，6 月 8 日始花，群体花期长，为 45 天。

着花密度：繁密，单盆开花 5 朵。

花蕾：桃形，玫瑰红色。

花型：重台型，瓣数 202（198~207）枚。

花瓣：长 7.5 cm，宽 4.3 cm。

花径：11（10~12）cm。

花态：球状。

花色：淡橙黄色，尖部淡紫堇色。

第四篇

扬州荷培育

在扬州荷花新品种选育取得成果最多的是江苏里下河地区农业科学研究所，该所始建于1949年4月，隶属江苏省农科院和扬州市委、市政府双重领导，是以应用型研究为主的综合性地（市）区级农业科研机构。"七五""八五"期间均名列全国农业科研百强所；"十五"期间在全国参加评估的1077家独立科研机构中位居第十，在505家地市级农业科研所中名列第一；"十一五"期间综合实力在全国科研机构评估中晋升为第九，并再次位列全国地市级农业科研单位第一。

2014年该所辐射诱变育种团队被联合国粮农组织与国际原子能机构联合授予"联合国植物突变育种杰出成就奖"。同时，被中国原子能农学会授予"2014年度特别贡献奖"。

从2001年开始，该所从事各种特色花卉诱变选育新品种研究，先后主持承担省、市花卉研究项目22项，在荷花、君子兰、中国兰、鸢尾等花卉方面开展了杂交、辐射诱变新种质选育及快繁技术研究，已收集各种花卉种质资源1200余个，其中观赏荷花352个、睡莲34个。目前已育成3个观赏荷花新品种和30多个有应用价值的新品系，2项实用性专利获授权，编制了《观赏荷花生产栽培技术规程》。

一、扬州荷花品种资源圃的建设

（一）圃址选择

该所将荷花品种资源圃选在了水源、光照充足，周围无遮挡阳光的试验田。试验田的主干道为青砖铺路，次干道为水泥砖铺路，方形布置，便于科研、生产、观赏的功能需求。

（二）栽植容器

初期采用了1.5米×1.5米水泥池栽的方式，两年后由于水泥裂缝漏水的缘故，采取了缸栽盆植的方式。1号缸的直径为62厘米、2号缸的直径为45厘米、3号盆的直径为25厘米三种规格，所用荷花缸为产于宜兴的釉缸，缸外有各种花卉图案，较美观，每个缸均编上了号码，以免品种混乱。

（三）栽培技术管理

主要包括日常养护管理、核对品种、去杂、观测记载、拍照、翻缸保种等。

日常养护管理：主要是浇水、施肥、除草、病虫害防治。浇水主要采用塑料水管浇水，后期由于人工工作量过大，现在采取滴灌的方式浇水。施肥主要分为基肥和追肥，基肥主要为豆饼和菜籽饼。

核对品种、去杂：每年花期对品种圃各个品种的主要性状进行核对，验明该品种是否无误，发现该品种有错乱或死亡者，及时补救或去杂。

观测记载、拍照：对各个品种的形态特征及生物学特性做记载，并用数码相机拍摄品种特征照片。

翻缸保种：品种圃里缸栽的荷花必须年年翻种，取出缸里的优质藕秧，重新栽种。剩余的藕秧置于原缸中"假植"，满足市场需求或引种。

（四）荷花品种收集

该所从 2002 年开始收集荷花品种，陆续从武汉、南京、盐城等地引进了 352 个品种，通过引种栽培试验，拍照，比对《中国荷花品种图志》，明确了 320 多个荷花品种。

二、承担的荷花相关研究项目

编号	项目名称	来源	时间
1	观赏荷花、向日葵辐射诱变新品种选育研究	省高技术	2003.01－2005.12
2	观赏荷花辐射诱变新品种选育研究	院基金	2003.01－2004.12
3	水生花卉种质资源创新研究	省自主创新	2011.06－2014.06
4	里下河地区水生花卉（鸢尾和荷花）产业链技术创新与集成应用	省自主创新	2015.06－2017.06
5	观赏荷花种质资源创新研究	市科技攻关	2011.12－2013.12

三、扬州荷花品种选育

（一）扬州荷花品种选育目标

1. 耐深水、花色艳丽、开花繁密、群体花期长、抗性强的大株型品种，适宜池栽。

2. 花色艳丽、开花繁密、群体花期长、抗性强的中、小株型缸栽品种，适宜缸栽或浅池栽培。

3. 碗莲品种选育，花色复色或艳丽、开花繁密、群体花期长、抗性强的小株型品种，适宜家庭盆栽。

（二）荷花品种选育途径

主要通过自然杂交、人工杂交、自交、钴 60 辐射等方法进行荷花新品种选育。

1. 自然杂交育种

荷花品种的遗传基础具有杂合性，各品种本身属多基因型的杂合体，在几百个品种的资源圃里，由于自然传粉的结果，从自然杂交结实的实生苗中，能选出具有优良性状的单株，通过无性繁殖，其后代获得的优良遗传性状，基本不变。

该所从品种圃中采收部分品种自然结实的莲子，通过播种繁育，其后代表现出大量分离，但不同品种的后代性状分离的程度有差异，但也出现了不少优良变异单株，经过几年选育栽培，选出了一批优良荷花品系。

2. 人工杂交育种

人工杂交育种主要分为品种间杂交和种间远缘杂交。

通过杂交，可以选育出与亲本性状互补的优良品种。荷花经过长期栽培后，增加了它的多样性，而那些最受人们重视的性状，含有较大的变异量，通过品种间杂交，基因进行重组，其后代的多样性很大，这在该所的杂交育种得到了体现。

杂交时关键要掌握荷花开花全过程的四个阶段：（1）松苞：花蕾发育至该品种应有的大小，花瓣由层层紧贴到逐渐松动，手触有柔软感。（2）露孔：蓬松花蕾由套闭状态到蕾端松动，开启一小孔，时间约在凌晨2：00~3：00。（3）开放：花瓣舒展，露出雌雄蕊，由开至盛开时间约在3：00~10：00，以后花被逐渐闭合，次日花瓣又重新展开，此时雄蕊向四周散开，花药开裂散出花粉，萼片开始谢落。如此一开一闭，反复3~4日。但以第一天上午开放的花，色泽最鲜艳，姿态最优美，柱头上有晶亮的粘液，正是进行人工杂交的最佳时机。（4）花谢：花瓣陆续凋落，雄蕊花丝萎缩，附属物倒下，随之枯落。

荷花为虫媒传粉，具有雌蕊先熟（雌雄异熟）的特性，同时也不排除可以自花传粉，因此必须严格掌握去雄和授粉时间。

人工杂交方法：事先有计划地选定父、母本，在母本花朵初开前1~2天的上午掀开花被去雄，父本花粉取自初开的花朵中，将快要散粉的花丝堆置在母本花托顶部，随即将母本花被复原，将蕾端用回形针扎住，挂牌授粉后6个小时荷花完成受精过程，当天下午拿掉回形针，1个月后莲子成熟，将其采收、贮藏。

该所通过杂交选育了一批荷花新品种（系），初步探索了荷花杂交遗传规律，试验结果发现：杂交结实率也仅为31.5%，白花品种与红花品种杂交，无论正反交，后代的花色均表现分离，并不是单一的红色，但红色出现的概率明显大于白色，说明红色的遗传潜能大于白色；红花对白花可能不是简单的显隐性关系。少瓣品种与重瓣品种杂交，无论正反交，后代的花瓣数均存在广泛分离，表现出数量遗传特点。杂交后代的叶形变异不显著，遗传相对稳定。但花梗长度和叶柄高度在后代中均表现分离，在扬州地区，5月1日前后播种育苗，杂交后代当年平均开花率可达70%以上，但组合间存在明显差异。

3. ^{60}Co 辐射育种

^{60}Co 辐射育种是通过不同剂量的 ^{60}Co 处理多个品种的莲子或种藕，从其后代中筛选出具有优良观赏价值的的单株，经过无性繁殖，培育出新品种。

荷花莲子辐射方法：将要辐射的不同杂交后代莲子分别装在信封中，在信封上注明该莲子的名称，然后将辐照同一个剂量的莲子信封装在一个方便袋内，尽量包扎整齐，将不同的 ^{60}Co 辐射剂量分为几个处理，该所设定了六个处理：40Gy、60Gy、80Gy、100Gy、120Gy、135Gy，根据剂量确定不同辐照时间，辐照好后的莲子放置15天后破壳播种。

^{60}Co 辐射剂量影响荷花突变的频率，在一定范围内辐射剂量越高，引起性状变异的频率越高。辐射剂量越低，相对变异率越小。试验结果发现：荷花种藕的辐射适宜剂量为10~20Gy，莲子的辐射适宜剂量为30~120Gy。荷花不同材料辐射对后代变异有显著影响。辐射萌芽的种藕，变异率相对较小，在花色、花型上没有出现变异，当代出现的花期延迟、矮化，大多是由于辐射损伤造成的效应；辐射荷花莲子，变异率相对较高，经过多代栽培，变异性状容易稳定。不同花色品种的观赏荷花辐射变异各不相同。其中，红色系和复色系品种易产生诱变，性状分离较大，花色、花柄高度均产生分离，白色系品种不易产生变异。荷花辐射能诱发产生变异，有些变异性状通过无性繁殖难以稳定，必须结合生物技术进行固定，要确定其性状的稳定，需进行多代系统观察和对比分析。由于辐射诱变选育存在很多不确定性，适当扩大选育群体是关键。该所通过 ^{60}Co 辐射大量荷花莲子，选育了一批荷花新品种（系），为荷花新品种的选育提供了一条途径。

四、选育的荷花品种

（一）已鉴定品种:

1 扬辐莲 1 号
Nelumbo nucifera 'Yangfu Lotus No.1'

从母本为蝶恋花的辐射诱变后代中筛选出的优良新品种。

体型: 株形中等,植于 1 号缸中。

立叶: 高 52（35~58）cm。

叶径: 26~34 cm。

花柄: 长 59（35~70）cm。

花期: 花期较早,6 月 12 日始花,群体花期为 64 天。

着花密度: 单缸开 16 朵。

花蕾: 圆桃形,紫色。

花型: 花重台型。

花瓣: 花瓣数 127（119~138）枚。

花径: 14（13.0~15.5）cm,最大瓣径长 8.0cm,宽 4.5cm。

花态: 碟状。

花色: 花色鲜红。

2 蜀岗红莲

Nelumbo nucifera 'Shugang Red Lotus'

从母本状元红自交后代中筛选出的优良新品种。

体型：大株型，植于直径 1 号缸中。

立叶：高 95（71~109）cm。

叶径：31~45 cm。

花柄：长 106（77~115）cm。

花期：6 月 16 日始花，群体花期 66 天。

着花密度：着花繁密，单缸开 14 朵。

花蕾：桃形，紫色。

花型：重瓣花。

花瓣：瓣数 96（85~103）枚。

花径：花径 18（16.0~19.5）cm，最大瓣径长 1.0 cm，宽 4.6 cm。

花态：碟状。

花色：花色鲜红。

3 广陵仙子

Nelumbo nucifera 'Guangling Faery'

从母本为豆蔻年华,父本为红灯笼的杂交后代中筛
选出的优良新品种。

体型：中小株型,植于1号缸中。

立叶：高35（18~45）cm。

叶径：18（14~23）cm。

花柄：长44（37~49）cm。

花期：花期早,6月15日始花,群体花期62天。

着花密度：着花繁密,单缸开22朵。

花蕾：桃形,紫红色。

花型：重瓣花。

花瓣：花瓣数95（91~102）枚。

花径：12（11~13.5）cm,最大瓣径长6.5cm,宽
3.6cm。

花态：花碗状。

花色：花色粉红。

（二）其他部分选育的优良品系
大株重瓣型

4 🌸 **185-6**

母本田园牧歌，^{60}Co 辐射剂量为 120 Gy。

体型：大株型，植于 2 号缸中。

立叶：高 105（95~125）cm。

叶径：32（29~37）cm × 40（38~43）cm。

花柄：118（100~138）cm。

花期：较早，6 月 15 始花，群体花期为 42 天。

着花密度：繁密，单缸开花 7-8 朵。

花蕾：桃形，紫色。

花型：重瓣型，瓣数 105（95~123）枚。

花瓣：长 10 cm，宽 6 cm。

花径：20（19~21）cm。

花态：碗状。

花色：紫红色。

5 🌸 **62-8**

母本葵花向阳，^{60}Co 辐射剂量为 80 Gy。

体型：大株型，植于 1 号缸中。

立叶：高 108（98~127）cm。

叶径：31（28~35）cm × 38（35~40）cm。

花柄：116（102~135）cm。

花期：较早，6 月 18 始花，群体花期为 49 天。

着花密度：较繁密，单缸开花 6-7 朵。

花蕾：桃形，玫瑰红色。

花型：重瓣型，瓣数 95（91~118）枚。

花瓣：长 10.5 cm，宽 5 cm。

花径：21（19~22）cm。

花态：碟状。

花色：堇紫色。

6 🪷 62-9

母本葵花向阳，^{60}Co辐射剂量为80Gy。

体型：大株型，植于1号缸中。

立叶：高101（97~125）cm。

叶径：30（27~33）cm×35（32~38）29cm。

花柄：106（100~131）cm。

花期：较早，6月18始花，群体花期为44天。

着花密度：繁密，单缸开花10~11朵。

花蕾：桃形，红色。

花型：重瓣型，瓣数99（91~122）枚。

花瓣：长10cm，宽5.5cm。

花径：20（18~21）cm。

花态：碗状。

花色：粉色。

大株重台型

7 **188-8**

母本状元红，自然杂交后代中选育。

体型：大株型，植于 1 号缸中。

立叶：高 97（91~125）cm。

叶径：35（27~39）cm × 30（26~34）29 cm。

花柄：105（95~137）cm。

花期：较晚，6 月 28 始花，群体花期为 36 天。

着花密度：繁密，单缸开花 10 朵。

花蕾：桃形，紫色。

花型：重台型，瓣数 102（87~119）枚。

花瓣：长 10.2 cm，宽 6.3 cm。

花径：16（14~18）cm。

花态：碗状。

花色：淡粉红色。

中小株半重瓣型

8 131-31

母本大贺莲，[60]Co辐射剂量为 120 Gy。

体型： 中、小株型，植于 3 号盆中。

立叶： 高 19（15～29）cm。

叶径： 15（10～17）cm×11（9～13）cm。

花柄： 27（17～35）cm。

花期： 较晚，6 月 23 日始花，群体花期为 34 天。

着花密度： 繁密，单盆开花 8 朵。

花蕾： 桃形，紫红色。

花型： 半重瓣型，瓣数 23（21～25）枚。

花瓣： 长 5.0 cm，宽 4.1 cm。

花径： 9（8～10）cm。

花态： 碗状。

花色： 花瓣白色，瓣尖红色。

9 58-3

母本红万万，自然杂交后代，[60]Co辐射剂量为 80 Gy。

体型： 中、小株型，植于 3 号盆中。

立叶： 高 25（15～31）cm。

叶径： 18（13～21）cm×15（11～18）cm。

花柄： 31（18～34）cm。

花期： 较早，6 月 17 日始花，群体花期为 31 天。

着花密度： 繁密，单盆开花 7 朵。

花蕾： 桃形，紫色。

花型： 半重瓣型，瓣数 24（20～28）枚。

花瓣： 长 6.1 cm，宽 3.0 cm。

花径： 11（9～13）cm。

花态： 飞舞状。

花色： 花瓣白色，瓣尖红色。

中小株重瓣型

10  **23-10**

父本名流,母本粉楼春。

体型:中、小株型,植于2号缸中。

立叶:高50（32~69）cm。

叶径:22（16~29）cm×18（14~24）cm。

花柄:55（38~71）cm。

花期:较晚,6月27日始花,群体花期为34天。

着花密度:繁密,单缸开花10朵。

花蕾:圆桃形,红色。

花型:重瓣型,瓣数98（88~121）枚。

花瓣:长7.3cm,宽4.5cm。

花径:13（11~14）cm。

花态:碗状。

花色:红色。

11 ❀ 104-6

母本娇容醉杯,^{60}Co辐射剂量为80Gy。

体型：中、小株型，植于3号盆中。

立叶：高21（18~39）cm。

叶径：16（13~21）cm×14（12~17）cm。

花柄：31（25~45）cm。

花期：较早，6月15日始花，群体花期为46天。

着花密度：繁密，单缸开花9朵。

花蕾：桃形，红色。

花型：重瓣型，瓣数88（80~102）枚。

花瓣：长6.3cm，宽3.5cm。

花径：10（9~11）cm。

花态：碗状。

花色：红色。

12 ❀ 100-5

母本蟹爪红,^{60}Co辐射剂量为80Gy。

体型：中、小株型，植于3号盆中。

立叶：高19（16~28）cm。

叶径：20（16~23）cm×18（14~22）cm。

花柄：41（25~48）cm。

花期：早，6月4日始花，群体花期为71天。

着花密度：繁密，单盆开花10朵。

花蕾：桃形，紫色。

花型：重瓣型，瓣数86（75~94）枚。

花瓣：长7.3cm，宽4.2cm。

花径：13（12~14）cm。

花态：碗状。

花色：紫红色。

13 231-2

母本赛锦，^{60}Co 辐射剂量为 120 Gy。

体型： 中、小株型，植于 2 号缸中。

立叶： 高 38（30~58）cm。

叶径： 22（18~26）cm × 20（16~24）cm。

花柄： 45（34~67）cm。

花期： 较早，6 月 19 日始花，群体花期为 35 天。

着花密度： 较繁密，单缸开花 7 朵。

花蕾： 桃形，紫色。

花型： 重瓣型，瓣数 89（78~97）枚。

花瓣： 长 7.6 cm，宽 3.0 cm。

花径： 11（10~13）cm。

花态： 碟状。

花色： 紫红色。

14 163-4

父本蟹爪红，母本喜洋洋。

体型： 中、小株型，植于 3 号盆中。

立叶： 高 26（18~46）cm。

叶径： 23（18~26）cm × 19（16~24）cm。

花柄： 36（27~49）cm。

花期： 早，6 月 4 日始花，群体花期为 56 天。

着花密度： 繁密，单盆开花 7 朵。

花蕾： 桃形，红色。

花型： 重瓣型，瓣数 92（81~105）枚。

花瓣： 长 7.1 cm，宽 5.0 cm。

花径： 12（10~14）cm。

花态： 碗状。

花色： 红色。

15 🌸 260-7

父本名流，母本白云碗莲。

体型：中、小株型，植于2号缸中。

立叶：高35（30~42）cm。

叶径：18（16~19）cm×15（12~17）cm。

花柄：51（38~55）cm。

花期：较晚，6月22日始花，群体花期为31天。

着花密度：繁密，单缸开花9朵。

花蕾：圆桃形，玫瑰红色。

花型：重瓣型，瓣数98（91~115）枚。

花瓣：长5.9cm，宽2.8cm。

花径：12（10~13）cm。

花态：杯状。

花色：粉红色。

16 🌸 380-3

母本冰心，自然杂交后代。

体型：中、小株型，植于 3 号盆中。

立叶：高 21（16~25）cm。

叶径：15（14~16）cm×14（12~16）cm。

花柄：27（20~32）cm。

花期：较早，6 月 13 日始花，群体花期为 41 天。

着花密度：繁密，单盆开花 6 朵。

花蕾：桃形，绿色，蕾尖红色。

花型：重瓣型，瓣数 65（58~75）枚。

花瓣：长 7.2 cm，宽 3.0 cm。

花径：10（9~11）cm。

花态：杯状。

花色：淡粉红色。

17 🌸 44-6

母本红晕蝶影，自然杂交后代。

体型：中、小株型，植于 3 号盆中。

立叶：高 20（17~21）cm。

叶径：18（15~20）cm×16（14~18）cm。

花柄：26（20~31）cm。

花期：较早，6 月 19 日始花，群体花期为 48 天。

着花密度：繁密，单盆开花 8 朵。

花蕾：桃形，玫瑰红色。

花型：重瓣型，瓣数 85（78~95）枚。

花瓣：长 6.2 cm，宽 3.4 cm。

花径：10（9~11）cm。

花态：碟状。

花色：粉红色。

18 ✿ 84-7

母本寿星桃，自然杂交后代，^{60}Co 辐射剂量为 120 Gy。

体型：中、小株型，植于 3 号盆中。

立叶：高 29（19～45）6 月 10 日始花，群体花期为 42 天。

着花密度：繁密，单盆开花 8 朵。

花蕾：桃形，淡红色。

花型：重瓣型，瓣数 105（94～117）枚。

花瓣：长 8.2 cm，宽 4.1 cm。

花径：15.5（13～17）cm。

花态：碗状。

花色：粉红色。

19  195-6

母本小舞妃，^{60}Co 辐射剂量为 80 Gy。

体型：中、小株型，植于 3 号盆中。

立叶：高 28（16～49）cm。

叶径：25（18～29）cm × 21（15～23）cm。

花柄：35（21～53）cm。

花期：早，6 月 3 日始花，群体花期为 56 天。

着花密度：繁密，单盆开花 11 朵。

花蕾：桃形，红色。

花型：重瓣型，瓣数 96（89～105）枚。

花瓣：长 10.2 cm，宽 5.1 cm。

花径：17（15～19）cm。

花态：碗状。

花色：粉红色。

20 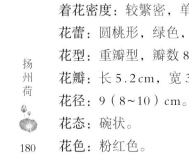 63-20

母本小玉楼，自然杂交后代。

体型：中、小株型，植于 2 号缸中。

立叶：高 26（19～35）cm。

叶径：21（17～24）cm × 19（16～21）cm。

花柄：32（22～46）cm。

花期：早，6 月 10 日始花，群体花期为 35 天。

着花密度：较繁密，单缸开花 8 朵。

花蕾：圆桃形，绿色，蕾尖红色。

花型：重瓣型，瓣数 81（72～93）枚。

花瓣：长 5.2 cm，宽 3.1 cm。

花径：9（8～10）cm。

花态：碗状。

花色：粉红色。

21 🌸 46-10

母本夜明珠，自然杂交选育。

体型：中、小株型，植于2号缸中。

立叶：高28（18～37）cm。

叶径：20（16～23）cm×18（14～22）cm。

花柄：34（22～42）cm。

花期：晚，7月12日始花，群体花期为31天。

着花密度：较繁密，单缸开花7朵。

花蕾：长桃形，红色，蕾尖红色。

花型：重瓣型，瓣数72（64～83）枚。

花瓣：长9.2cm，宽5.8cm。

花径：16（14～18）cm。

花态：碗状。

花色：粉红色。

22 🌸 227-2

母本白鸽，自然杂交选育。

体型：中、小株型，植于2号缸中。

立叶：高25（15～40）cm。

叶径：14（12～16）cm×12（11～13）cm。

花柄：35（25～46）cm。

花期：较早，6月18日始花，群体花期为48天。

着花密度：繁密，单缸开花8朵。

花蕾：桃形，绿色。

花型：重瓣型，瓣数71（66～78）枚。

花瓣：长4.8cm，宽3.1cm。

花径：10（9～11）cm。

花态：碟状。

花色：白色。

23 🌸 41-2

父本微雨，母本大锦。

体型：中、小株型，植于 3 号盆中。

立叶：高 32（25~38）cm。

叶径：18（15~23）cm×14（11~19）cm。

花柄：41（19~45）cm。

花期：早，6 月 9 日始花，群体花期为 58 天。

着花密度：繁密，单盆开花 11 朵。

花蕾：圆桃形，绿色。

花型：重瓣型，瓣数 98（80~119）枚。

花瓣：长 6.8 cm，宽 4.5 cm。

花径：12（11~13）cm。

花态：碗状。

花色：白色。

24 🌸 23-8

父本白云，母本粉楼春。

体型：中、小株型，植于 2 号缸中。

立叶：高 53（32~72）cm。

叶径：23（16~30）cm × 19（13~25）cm。

花柄：56（41~68）cm。

花期：较晚，6 月 30 日始花，群体花期为 32 天。

着花密度：繁密，单缸开花 11 朵。

花蕾：圆桃形，绿色，蕾尖红色。

花型：重瓣型，瓣数 98（88~121）枚。

花瓣：长 7.3 cm，宽 4.5 cm。

花径：13（11~14）cm。

花态：碗状。

花色：白色。

25 186-12

母本云锦，自然杂交后代，^{60}Co 辐射剂量为 120 Gy，剂量率为 1.35 Gy/ 分钟。

体型：中、小株型，植于 3 号盆中。

立叶：高 32（27~39）cm。

叶径：22（17~30）cm×18（14~23）cm。

花柄：41（30~53）cm。

花期：较早，6 月 16 日始花，群体花期为 38 天。

着花密度：繁密，单盆开花 9 朵。

花蕾：桃形，绿色。

花型：重瓣型，瓣数 103（92~126）枚。

花瓣：长 6.9 cm，宽 4.1 cm。

花径：12（10~14）cm。

花态：碗状。

花色：白色。

26 175-11

母本丽雅，自然杂交后代，^{60}Co 辐射剂量为 120 Gy。

体型：中、小株型，植于 3 号盆中。

立叶：高 30（18~40）cm。

叶径：25（22~30）cm×21（17~26）cm。

花柄：36（30~51）cm。

花期：早，6 月 6 日始花，群体花期为 49 天。

着花密度：繁密，单盆开花 8 朵。

花蕾：桃形，绿色。

花型：重瓣型，瓣数 89（71~96）枚。

花瓣：长 8.9 cm，宽 5.4 cm。

花径：14（12~17）cm。

花态：碗状。

花色：白色。

中小株重台瓣型

27 341-3

母本为豆蔻年华，父本为红灯笼。

体型：中小株型，植于 2 号缸中。

立叶：高 30（27~40）cm。

叶径：17（15~19）cm × 14（12~15）cm。

花柄：35（30~46）cm。

花期：早，6 月 8 日始花，群体花期为 38 天。

着花密度：繁密，单缸开花 11 朵。

花蕾：圆桃形，红色。

花型：重台型，瓣数 127（105~135）枚。

花瓣：长 6.8 cm，宽 4.1 cm。

花径：10.5（9~12）cm。

花态：碗状。

花色：紫红色。

28 ✿ 61-19

母本为丽霞，父本为蟹爪红。

体型：中小株型，植于3号盆中。

立叶：高23（18～35）cm。

叶径：15（13～18）cm×13（12～15）cm。

花柄：29（23～45）cm。

花期：早，6月7日始花，群体花期为36天。

着花密度：繁密，单盆开花7朵。

花蕾：桃形，红色。

花型：重台型，瓣数93（85～102）枚。

花瓣：长5.8 cm，宽3.3 cm。

花径：9（8～11）cm。

花态：碗状。

花色：紫红色。

29 ✿ 109-12

母本为童羞面，自然杂交后代，^{60}Co辐射剂量为120 Gy。

体型：中小株型，植于3号盆中。

立叶：高25（15～33）cm。

叶径：16（12～18）cm×13（10～16）cm。

花柄：30（19～42）cm。

花期：早，6月8日始花，群体花期为62天。

着花密度：繁密，单盆开花12朵。

花蕾：桃形，红色。

花型：重台型，瓣数97（88～106）枚。

花瓣：长6.7 cm，宽3.4 cm。

花径：9（7～11）cm。

花态：碗状。

花色：淡粉红色。

30 🌸 123-3

母本为喜上眉梢，自然杂交后代，^{60}Co 辐射剂量为 80 Gy。

体型：中小株型，植于 3 号盆中。

立叶：高 23（14~30）cm。

叶径：17（14~20）cm×13（10~17）cm。

花柄：29（19~38）cm。

花期：较早，6 月 18 日始花，群体花期为 35 天。

着花密度：繁密，单盆开花 7 朵。

花蕾：桃形，玫瑰红色。

花型：重台型，瓣数 77（71~86）枚。

花瓣：长 5.2 cm，宽 3.3 cm。

花径：9.5（8~12）cm。

花态：碗状。

花色：淡粉红色。

母本为云腾霞蔚，自然杂交后代。

体型：中小株型，植于 2 号缸中。

立叶：高 34（30~49）cm。

叶径：23（16~31）cm×20（13~26）cm。

花柄：43（34~55）cm。

花期：较早，6 月 16 日始花，群体花期为 31 天。

着花密度：繁密，单缸开花 11 朵。

花蕾：圆桃形，淡红色。

花型：重台型，瓣数 134（116~147）枚。

花瓣：长 7.2 cm，宽 4.3 cm。

花径：12（11~14）cm。

花态：碗状。

花色：粉红色。

32 🪷 225-2

母本胭脂露，自然杂交后代。

体型：中、小株型，植于 2 号缸中。

立叶：高 32（21～49）cm。

叶径：20（16～24）cm×17（13～20）cm。

花柄：43（25～56）cm。

花期：较早，6 月 18 日始花，群体花期为 58 天。

着花密度：繁密，单缸开花 18 朵。

花蕾：桃形，红色。

花型：重台型，瓣数 86（72～98）枚。

花瓣：长 6.2 cm，宽 3.3 cm。

花径：11（10～13）cm。

花态：碗状。

花色：淡粉红色。

附 录

附录一、观赏荷花生产栽培技术规程

ICS 65.02.020

B62

DB 3210

江 苏 省 扬 州 市 地 方 标 准

B 3210/T 1305—2013

观赏荷花生产栽培技术规程

Technical Regulation for Production of Ornamental Lotus

扬
州
荷

192

江苏省扬州质量技术监督局

B 3210/T 1305—2013

前　言

观赏荷花是本地区的主要水生花卉品种，栽培方式主要为浅水栽和缸栽、盆栽三种。为建立完整的观赏荷花生产技术体系，提高观赏荷花的质量和观赏效果，规范观赏荷花栽培技术，鉴于扬州地区观赏荷花生产技术尚无地方标准，针对本地区观赏荷花生产技术特点，特制定本标准。

本标准由江苏里下河地区农业科学研究所提出。

本标准由江苏里下河地区农业科学研究所起草。

本标准主要起草人：刘春贵　包建忠　孙叶　李风童　马辉　张甜　陈秀兰

观赏荷花生产栽培技术规程

1 范围

本标准规定了观赏荷花有关术语定义、栽培技术、种藕采收、贮藏、包装运输。

本标准适用于扬州市及周边地区。

2 规范性引用文件

下列文件对于本文件的应用是必不可少的。凡是注日期的引用文件，仅所注日期的版本适用于本文件。凡是不注日期的引用文件，其最新版本（包括所有的修改单）适用于本文件。

GB/T 8321（所有部分）农药合理使用准则

3 术语和定义

下列术语和定义适用于本标准。

3.1 观赏荷花 Nelumbo nucifera

观赏荷花又叫花莲，是以观赏为主的荷花，花色有白色、红色、粉红、紫色、黄色、复色、洒锦色，其地下茎较小。

3.2 种藕 Lotus seed rhizome

种藕是荷花横生于泥中的地下茎，是荷花无性繁殖器官，最先形成的新藕叫主藕，主藕上分出支藕叫子藕，从子藕再长出的小藕称孙藕，主藕、子藕、孙藕都可作种藕。

4 栽培技术

4.1 环境条件

露天栽培。

4.2 品种选择原则

4.2.1 选择花色艳丽、丰花性能高、重瓣、适应性好、抗性强的观赏荷花品种。

4.2.2 根据栽培方式选择品种，缸盆栽植选择中小花型观赏荷花品种，水池或池塘选择大花型观赏荷花品种，小盆（直径小于 25 cm）栽培选择小花型观赏荷花品种。如小花型品种：红灯笼、桌上莲、娃娃莲等，中花型品种：扬辐莲 1 号、广陵仙子等，大花型品种：蜀岗红莲、名流、统帅、西湖红莲等。

4.3 栽培基质

富含有机质的松软肥沃的轻粘土，土壤 PH 值 6.5 左右。常用栽培基质为堆放一年以上的塘泥。

4.4 栽培方式

4.4.1 缸栽或盆栽。

4.4.2 浅水栽。

4.5 选择种藕

选择品种纯正、种藕完整、色泽鲜亮、无病斑、未破损、生长健壮的整枝藕、主藕、子藕或孙藕作种藕。

4.6 定植种藕

4.6.1 定植时间

扬州地区在 4 月上旬气温在 15℃左右定植。

4.6.2 种藕用量

缸栽荷花用种量一般为 2 支／缸，浅水栽荷花用种量一般为 1 支／m²。

4.6.3 栽藕方法

缸盆栽植时，装土至缸深的 3／5 处，栽前将塘泥捣成稀糊状，将塘泥扒一穴，手持种藕，将种藕顶芽朝下成 20~25° 角倾斜，沿缸内壁插入泥中，然后扒泥盖藕，尾端翘出泥外。

浅水栽藕方法相同。

4.7 水分调控

4.7.1 缸栽或盆栽浇水要及时；在钱叶、浮叶生长期间，应浅水浇灌，水深 5~10 cm，以提高缸泥温度，促使地下茎快长。立叶出水后，气温增高，应保持缸满水，秋后荷花生长缓慢，即将休眠，缸内维持少量水即可。

4.7.2 浅水栽荷花水深控制在 30~50 cm 左右。

4.8 施肥

4.8.1 基肥种类、施肥量、施肥方法及时间

基肥种类为菜籽饼或碎豆饼；直径 62 cm 缸缸底施菜籽饼或豆饼 250 克；浅水栽施菜籽饼或豆饼 800 克／m²；基肥于定植前施在土层 20 厘米以下。

4.8.2 追肥种类、施肥量、施肥方法、次数及时间

追肥种类为块状豆饼；直径 62 cm 缸施菜块状豆饼 50 克；浅水栽施块状豆饼 200 克／m²；将块状豆饼施在土层 20 厘米以下，追肥两次，时间为 6 月上旬、6 月下旬。

4.9 修剪

观赏荷花生长期中，随时在水面以上剪除老叶、病虫叶、交错密生叶、残花等。

4.10 越冬

观赏荷花地下茎越冬温度为 3~10℃，保持水深 10 cm 以上。

4.11 病虫害防治

主要病害：褐纹病、斑枯病；主要虫害：莲缢管蚜、斜纹夜蛾、金龟子、黄刺蛾、莲潜叶摇蚊。

防治措施：预防为主，综合防治。具体见附 A。

5 种藕采收、贮藏、包装运输

5.1 种藕采收

每年 4 月上旬，气温在 15℃ 以上时，将种藕取出，注意不能损害种藕顶芽和侧芽。

5.2 种藕贮藏

挑选优质藕秧，束捆挂牌，置于水池中，贮藏时间 30 天。

5.3 种藕包装运输

采用纸箱包装运输，纸箱规格一般为 42 cm × 24 cm × 28 cm，包装好后置于阴凉通风处。

附录 A 观赏荷花主要病虫害防治一览表

主要防治对象	农药名称	使用方法	最多使用次数
褐纹病	50%可湿性多菌灵粉剂	600 倍喷雾	2
	80%代森锌粉剂	1000 倍喷雾	2
	50%甲基托布津粉剂	800 倍喷雾	2
斑枯病	25%可湿性多菌灵粉剂	600 倍喷雾	2
	80%代森锌粉剂	1000 倍喷雾	2
	70%甲基托布津粉剂	800 倍喷雾	2
莲缢管蚜	350 克／升吡虫啉悬浮剂	1500－2500 倍喷雾	2
	25 克／升溴氰菊酯乳油	1500－2500 倍喷雾	2
	40%氧化乐果乳油防治	1000－1500 倍喷雾	2
斜纹夜蛾	80%敌敌畏乳油（最适期为 3 龄前幼虫）	800 倍喷雾	3
	80%敌敌畏乳油	1200 倍喷雾	3
	48%毒死蜱乳油	1000 倍喷雾	3
金龟子	10%氯氰菊脂乳剂	5000 倍喷雾	2
黄刺蛾	40%氧化乐果乳油	1000－1500 倍喷雾	2
	80%敌敌畏乳油	1200 倍喷雾	2
	50%辛硫磷乳油	1000 倍喷雾	2
	50%马拉硫磷乳油	1000 倍喷雾	2
莲潜叶摇蚊	2.5%敌杀死乳油	500 倍喷雾	2
	80%敌敌畏乳油	1200 倍喷雾	2
	40%氧化乐果乳油	1000－1500 倍喷雾	2

观赏荷花生产栽培技术规程
编 制 说 明

一、目的意义

观赏荷花（*Nelumbo nucifera*）是园林中重要的水生花卉资源，目前在园林造景和湿地绿化中广泛使用；长期以来依赖于传统栽培生产技术，造成观赏荷花观花期短，新品种推广力度较差。江苏里下河地区农业研究所近十年来，收集全国各地观赏荷花品种资源400多个，通过杂交、自交、$^{60}Co-\gamma$射线辐射诱变等育种手段育成十多个优良观赏荷花品系，2008~2012年在江苏省苏中、苏南和苏北进行了区域试验和生产试验，2012~2013年，经江苏省果茶花品种审定委员会审定了3个观赏荷花新品种，分别定名为蜀岗红莲、扬辐莲1号、广陵仙子。蜀岗红莲适宜池塘栽植，扬辐莲1号、广陵仙子适宜缸盆栽植；根据2011、2012年全省分别5个县（市、区）观赏荷花生产试验结果，观赏荷花适宜江苏省各地种植，不同品种栽培技术相似，大面积生产对斑枯病、褐纹病均具良好抗性。为满足生产对观赏荷花的需求，规范其栽培技术标准，且该项技术目前尚无国家标准和行业标准，根据国家《标准化法》要求，特制定本标准。

二、任务来源

扬州市质量监督局立项。

三、编制过程

在本标准编制过程中，针对观赏荷花生产技术要点，包括栽培技术、种藕贮藏包装运输、适应范围等标准制定，收集了江苏省区域试验、生产试验和5个县（市、区）试验示范及本所的栽培基质、种藕选择、种藕贮藏包装运输、定植、病虫害防治、越冬、水分管理、肥料管理栽培条件下的数据分析汇总，于2013年起草了本标准。

四、主要栽培技术指标的确定依据

品种选择、定植、越冬、种藕贮藏包装运输、水肥运筹指标依据江苏省区试和生产试验及5个县（市、区）示范生产试验结果；病虫害防治依据GB/T 8321，适应范围依据品种审定和示范结果确定。

五、参考文献和引用标准

GB/T 8321 农药合理使用准则

六、推广应用建议

本标准适用于扬州市及周边地区。

附录二、全国荷展扬州荷历届获奖作品统计表

序号	参展名称	参展时间	参评奖项	获奖情况		授奖单位
1	第15届全国荷花展	2001.6	碗莲栽培技术评比	单位：荷花池公园	类别：二等奖1项、三等奖1项	第15届全国荷花展览会组委会
2	第16届全国荷花展	2002.7	碗莲栽培技术评比	单位：荷花池公园	类别：二等奖1项	中国花卉协会荷花分会
3	第19届全国荷花展	2005.7	碗莲栽培技术评比	单位：荷花池公园	类别：一等奖1项	第19届全国荷花展览会组委会
4	第21届全国荷花展	2007.7	碗莲栽培技术评比	单位：荷花池公园	类别：一等奖1项	第21届中国（武汉）荷花展览会组委会
5	第22届全国荷花展	2008.6	碗莲栽培技术评比	单位：荷花池公园	类别：一等奖2项	中国花卉协会荷花分会、北京市海淀区圆明园管理处
6	第23届全国荷花展	2009.6	碗莲栽培技术评比	单位：荷花池公园	类别：一等奖3项、纪念奖1项	中国花卉协会荷花分会、苏州市相城区生态农业示范园区管委会、苏州市拙政园管理处
7	第24届全国荷花展	2010.7	碗莲栽培技术评比	单位：荷花池公园、城市绿化养护管理处	类别：一等奖2项、鼓励奖3项	中国花卉协会荷花分会、第24届全国荷花展组委会
8	第25届全国荷花展	2011.7	碗莲栽培技术评比	单位：荷花池公园、城市绿化养护管理处	类别：一等奖1项、二等奖2项、三等奖1项	中国花卉协会荷花分会、第25届全国荷花展览暨国际荷花学术研讨会组委会
9	第26届全国荷花展	2012.7	碗莲栽培技术评比	单位：荷花池公园	类别：一等奖2项	中国花卉协会荷花分会、第26届全国荷花展组委会
10	第27届全国荷花展	2013.6	碗莲栽培技术评比	单位：荷花池公园	类别：二等奖2项	中国花卉协会荷花分会
11	第28届全国荷花展	2014.7	碗莲栽培技术评比	单位：荷花池公园、文津园 个人：沐春林、杨家骏 类别：一等奖1项、二等奖3项		中国花卉协会荷花分会
12	第29届全国荷花展	2015.6	碗莲栽培技术评比	单位：荷花池公园、文津园 个人：曹百海、杨家骏、陶运河 类别：一等奖4项		中国花卉协会荷花分会

参考文献

［1］张行言，陈龙清.中国荷花新品种图志Ⅰ［M］.北京：中国林业出版社，2011.

［2］王其超，张行言.中国荷花品种图志［M］.北京：中国林业出版社，2005.

［3］王其超，马元超.出水芙蓉图［M］.北京：中国林业出版社，2013.

［4］王其超，张素梅.熏风集［M］.北京：中国林业出版社，2009.

［5］王其超，萧凤来.莲之韵［M］.北京：中国林业出版社，2003.

［6］王其超.灿烂的荷文化［M］.北京：中国林业出版社，2001.

［7］陆涵丽.净水荷花［M］.北京：科学技术文献出版社，2008.

［8］陈宗道，陈跃.莲藕世界［M］.南京：南京出版社，1993.

［9］李斗.扬州画舫录［M］.济南：山东友谊出版社，2001.

［10］陈卫元，赵御龙.扬州竹［M］.北京：中国林业出版社，2014.

［11］王其超.中国荷花品种资源初探［J］.园艺学报，1981（3）.

［12］王其超，张行言.二元分类法在荷花品种分类中的应用［J］.北京林业大学学报，1998（2）.

［13］赵龙祥，徐亚萍.扬州园林荷文化艺术浅析［J］.现代园林，2008（5）.

［14］马丹.中国荷文化与荷花专类园景观营建［J］.中国园艺文摘，2015（3）.

［15］陈卫元，赵御龙.扬州竹子造景特点探析及竹种研究［J］.江苏农业科学，2014（1）.

［16］陈卫元，赵御龙.一枝一叶总关情［J］.竹子研究汇刊，2014（1）.

［17］包建忠，刘春贵等.观赏荷花引种、新品种选育与开发应用［J］.江西农业学报，2011（10）.

［18］包建忠，陈秀兰等.观赏荷花新品种扬辐莲1号的选育及栽培技术［J］.江西农业学报，2011（6）.

［19］包建忠，刘春贵等.观赏荷花杂交与辐射诱变研究［J］.江苏农业科学，2007（6）.